# Eisbär, Dr. Ping und die Freunde der Erde

## Das Buch zum Klima-Musical für Kinder

# Impressum

Titelaufnahme der Deutschen Bibliothek

**Eisbär, Dr. Ping und die Freunde der Erde**
Reinhard Horn und Hans-Jürgen Netz

1. Auflage, Lippstadt 2007

Herausgegeben von:

**© Bund für Umwelt und Naturschutz Deutschland e.V.**
Friends of the Earth Germany
Am Köllnischen Park 1
10179 Berlin
Fon: 0 30 / 2 75 86-40
Fax: 0 30 / 2 75 86-440
info@bund.net
www.bund.net

**© KONTAKTE Musikverlag**
Ute Horn e. K.
Windmüllerstraße 31
59557 Lippstadt
Fon: 0 29 41 / 1 45 13
Fax: 0 29 41 / 1 46 54
info@kontakte-musikverlag.de
www.kontakte-musikverlag.de

Buch: ISBN 978-3-89617-202-0
Lieder/Playback-CD: ISBN 978-3-89617-203-7
Hörspiel-CD: ISBN 978-3-89617-204-4

Redaktion: Stefan Euen, Dr. Norbert Franck, Reinhard Horn, Hans-Jürgen Netz und Matthias Seiche



Grafik-Design, Layout und Illustration: Margret Bernard, Hamburg
Notensatz: Christian Severin, Lippstadt
Druck: Westermann Druck Zwickau GmbH, Zwickau

**Dieses Buch wurde aus einem FSC-zertifizierten, chlor- und säurefreien Naturpapier in Deutschland hergestellt.**

Reinhard Horn und Hans-Jürgen Netz

# Eisbär, Dr. Ping und die Freunde der Erde

## Das Buch zum Klima-Musical für Kinder

BUND
FREUNDE DER ERDE

Kontakte MUSIKVERLAG

# Inhalt

## Vorworte

# Vorwort

Die Erde hat Fieber! Ihr wird es so heiß, dass selbst am kalten Süd- und Nordpol das dicke Eis schmilzt. Klimawandel – und nicht Fieber – ist dafür die genaue Bezeichnung.

Paula und Paul, das verraten wir schon mal, tun was. Sie helfen dem Eisbären und seinem Freund Dr. Ping. Sie helfen ihnen stellvertretend für alle Tiere, die durch das Fieber der Erde das Zuhause verlieren. Und das sind nicht nur die Tiere, denen das Eis unter den Tatzen schmilzt.

Wenn mehr Erwachsene und Kinder so wie Paula und Paul anpacken, dann können wir der Erde helfen, gesund zu werden. Zwar wird es immer enger, aber wir können den Klimawandel noch aufhalten.

Das ist gar nicht so schwierig. Wir müssen nur, so wie Paula und Paul, auf die Jagd gehen – auf die Jagd nach Stromfressern. Zum Beispiel beim Kochen und Waschen oder beim Heizen und Verreisen – überall lässt sich Strom, Wärme oder Benzin sparen.

Andere müssen auch was tun. Zum Beispiel die Chefs der großen Autobauer. Die müssen mal anfangen Autos zu bauen, die weniger Benzin verbrauchen! Oder die Bosse der großen Stromhersteller, die aufhören müssen dreckige Kohle zu verbrennen. Sie können zum Beispiel mehr Windräder aufstellen, um Strom zu machen.

Und wenn die Politikerinnen und Politiker überall auf der Welt endlich aufwachen und etwas gegen das Fieber der Erde tun, dann können Kinder auch noch in 20 und in 40 Jahren laut lachend spielen. Sie müssten sich nicht vor feuriger Hitze, gewaltigen Stürmen und riesigen Überschwemmungen fürchten.

Der Bund für Umwelt und Naturschutz Deutschland – kurz: BUND – und die BUNDjugend tun schon seit vielen Jahren viel gegen das Fieber und für unsere schöne Natur. Das ist manchmal anstrengend, macht aber auch viel Spaß.

Wir freuen uns sehr über Kinder wie Paula und Paul (und natürlich auch über Erwachsene), die wie wir Freunde der Erde sind.

Norbert Franck Stefan Euen Matthias Seiche

**Dr. Norbert Franck, Stefan Euen, Matthias Seiche**
vom Klimateam des BUND, August 2007

# Und noch ein Wort davor:

Es war im Herbst 2005 als wir uns mit Dr. Norbert Franck vom BUND in Berlin trafen. Wir wollten gerne ein gemeinsames Projekt planen: etwas für Kinder und unbedingt mit Musik, Theater und dem Schutz unserer Umwelt.

So war ganz schnell die Idee von dem Klima-Musical für Kinder geboren. Eine Hauptperson stand auch schon sehr bald fest: der Eisbär.

Jetzt haben wir Sommer 2007, und keiner von uns hätte ahnen können, dass uns alle das Thema „Klimaschutz" und der im Berliner Zoo geborene Eisbär „Knut" so in Atem halten würden.

In diesen zwei Jahren haben wir uns oft getroffen und diskutiert, gesponnen, geträumt, gelesen, recherchiert. Hans-Jürgen Netz und ich haben die Geschichtenidee von Eisbär, Dr. Ping und den Freunden der Erde gefunden, wie einen kostbaren Schatz, der einem beim Suchen in die Hände fällt.

Das Klima-Musical ist nun fertig. Drumherum haben wir viele spannende Ideen und wichtige Informationen für den Unterricht und die Gruppenarbeit zusammengetragen.

Margret Bernard hat das Projekt durch die Gestaltung und durch ihre Illustrationen bereichert.

Nun warten wir gespannt auf die vielen Aufführungen, die Sie/die ihr in eurer Schule, in eurer Gruppe, in eurer Stadt geben werdet. So wird das Netzwerk „Freunde der Erde" immer größer und unser ehrgeiziges Ziel, unseren Kindern und Kindeskindern eine lebenswerte Erde zu vermachen, jeden Tag ein kleines Stück wahrscheinlicher.

**„Wenn viele Leute an vielen Orten viele kleine Schritte tun, dann können wir unsere Erde erhalten und bewahren."**

Dafür sagen wir schon jetzt allen „Danke"!

**Reinhard Horn und Hans-Jürgen Netz**
August 2007

# Das Libretto

**Eisbär, Dr. Ping und die Freunde der Erde**

# Die Story

Eisbär Lothars Eisscholle wird zu klein! Deshalb macht Lothar sich auf den Weg, um seinen Freund, den Pinguin Dr. Ping, zu treffen. Dr. Ping ist nämlich Professor an der Südpoluniversität, und der weiß natürlich sehr gut Bescheid über alles.

Dann gibt es noch die Stromfresser. Das ist eine Dreier-Bande, die Volt, Watt und Ampere heißen. Die sind ständig unterwegs, um überall Strom zu fressen. Mit einer großen Fernbedienungskanone können sie überall, wo sie möchten, Strom einschalten. Und außerdem haben sie noch einen großen Sandstreuer. Damit streuen sie den Menschen Sand in die Augen, damit sie als Stromfresser unbemerkt bleiben können.

So wird Paul und Paula, den beiden Kindern, die allein zu Hause sind, „Sand in die Augen gestreut". Auf einmal werden sie fürchterlich müde, lassen alle Geräte an und möchten nur noch sofort ins Bett.

Am anderen Morgen kommt Paula in die Küche und findet alle Lichter und alle Geräte an. Seltsam – müssen die Eltern wohl vergessen haben auszuschalten. Paula geht zum Kühlschrank – aber der ist besetzt! Da sitzt ein Eisbär! Lothar!
Es klingelt und Paul macht die Tür auf – noch ein ungewöhnlicher Gast! Ein Pinguin! Lothar und Dr. Ping erklären Paul und Paula, warum sie unbedingt kommen mussten – Eisscholle zu klein, Erde wird wärmer, Stromfresser überall!
Paul und Paula sind überrascht, aber sie freuen sich über den Besuch und zeigen ihren neuen Freunden ihre Zimmer. Während dieser Zeit kommen die Stromfresser erneut und machen alle Geräte wieder an! – Sie müssen ja Strom fressen!
Als unsere vier Freunde wieder in die Küche zurückkommen, wundern sie sich sehr! Alle Geräte sind an und der Kühlschrank ist geöffnet.

Dr. Ping – klar – weiß sofort Bescheid: Das waren die Stromfresser! Denen muss dringend das Handwerk gelegt werden!
Aber erst einmal müssen Paul und Paula zur Schule.
Dr. Ping und Eisbär Lothar sind sehr müde von ihrer Reise und machen ein kleines Nickerchen.
Die Stromfresser kommen wieder – weil, das ist ja klar – wieder alle Geräte aus sind! Damit sie endlich mal ungestört Strom fressen können, werden Dr. Ping und Eisbär Lothar auf dem Sofa schlafend – eins, zwei, drei – gefesselt und geknebelt. Als Paul und Paula aus der Schule zurückkommen, finden sie ihre beiden Freunde gefesselt. Schnell befreien sie Lothar und Dr. Ping. Sie können sich natürlich denken, dass dies die bösen Stromfresser waren.

Ein guter Plan muss her, um die hungrigen Stromfresser zu fangen!
Dann haben sie eine gute Idee!

Alle Geräte werden ausgeschaltet. Dr. Ping und Eisbär Lothar legen sich wieder auf das Sofa und den Sessel und tun so, als seien sie gefesselt. Paul und Paula verstecken sich. Wenn dann die Stromfresser zurück kommen, sollen sie überwältigt werden. Aber wie? – In Dr. Pings Universal-Lexikon seht die Lösung: Alle Stromfresser haben einen Ausschalter auf dem Rücken! Also dann!
In gefährlicher Mission werden die fiesen Stromfresser überwältigt und ausgeschaltet. Da entdeckt Paula eine lange Liste, die die Stromfresser verloren haben – die Liste mit allen Stromfresser-Teams auf der ganzen Erde! Also gibt es noch jede Menge mehr Stromfresser! – Gut, dass Paul und Paula viele Freunde haben, die kommen und helfen.
Mit Dr. Pings Lizenz zum Ausschalten geht alles wie von selbst und so legen sie den Stromfressern das Handwerk.
Die Stromfresser bekommen endlich auch eine sinnvolle Aufgabe: kräftig in kleine Windräder pusten – denn Wind, Wasser und Sonnenenergie sind auch Verbündete und helfen das Klima zu schützen.
Und so verabschieden sich Dr. Ping und Eisbär Lothar von den Kindern, die nun echte Freunde geworden sind – Freunde von Dr. Ping und Lothar, Freunde der Erde – Friends of the Earth! Und das singen sie gemeinsam am Ende dieses Musicals.

# Eisbär, Dr. Ping und die Freunde der Erde

## 1. Szene: Alles unter Strom

### ⊙ CD 01 Ouvertüre

*Vor dem Vorhang:*
*Die drei Stromfresser Volt, Watt und Ampere kommen getrennt durchs Publikum. Im Gepäck haben sie Sandstreuer und Fernbedienungskanone. Sie rufen sich gegenseitig zu.*

**Volt:** *ruft*
Watt und Ampere! Wo seid ihr denn schon wieder? Keinen Augenblick kann man die aus den Augen lassen. Schon sind sie wieder verschwunden. Ampere, Watt!

**Watt:** *stottert*
Watt, watt, watt is denn? – Ich bin doch schon unterwegs.

**Ampere:** *mit französischem Akzent*
Isch bin gleisch bei dir, mon Volt!

**Volt:** *ruft*
Watt! Ampere! Beeilung!

**Ampere:** Oh là là, isch kann disch schon sehen, mon Volt!

**Watt:** *kurz vor der Bühne*
Hoppala, watt denn! Jetzt bin ich fast gestolpert, nur weil der Volt uns schon wieder antreiben muss.

**Volt:** *als erster vor der Bühne*
Mit den beiden ist es wirklich nicht einfach. Bis die mal unter Strom stehen, das dauert immer. Und ich kann sie antreiben: Los, los los!

**Watt:** *kommt vor der Bühne bei Volt an*
So, da bin ich. Was schreist du denn so? Immerhin muss ich den riesengroßen Sandstreuer schleppen. Das war deine Idee! Den Menschen Sand in die Augen streuen, damit die nicht so schnell checken, was wir machen – cool, watt cool, ey!

**Ampere:** *möchte mit Küsschen begrüßen, die andern wehren sich*
So isch bin auch da!
Bonjour, bonjour!
Was lieget an?

**Volt:** Das wurde aber auch endlich mal Zeit. Da ist ja jeder Dynamo schneller als ihr beide zusammen.

## Song: Wir sind die Stromfresser

*Volt, Watt, Ampere*

⊙ **CD 02**

Text: Hans-Jürgen Netz – Musik: Reinhard Horn

**Strophe 2:**
Was schert uns denn das Klima?
Uns Stromfressern geht's prima.
Für unsern Chef sind wir wie Gold,
wir heißen Ampere, Watt und Volt.

**Refrain**

**Strophe 3:**
Was schert uns denn das Klima?
Uns Stromfressern geht's prima.
Wir fressen uns durch jede Stadt,
wir heißen Ampere, Volt und Watt.

**Refrain**

**Strophe 4:**
Was schert uns denn das Klima?
Uns Stromfressern geht's prima.
Wir fressen Strom auch ungewollt,
wir heißen Ampere, Watt und Volt.

**Refrain**

*Weiter vor der Bühne*

**Volt:** *in großer Pose zeigt er die Fernbedienungskanone*
Männer, herschauen!

**Watt:** *staunend*
Watt is denn dat??

**Ampere:** *sehr beeindruckt*
Oh, die is abä groß! Mon ami!

**Volt:** Mund halten. Ich rede. Ich habe mit dem Boss telefoniert …

**Ampere:** *unterbricht ihn*
Oh là là, der Boss!

**Volt:** *weiter*
… und der ist ganz schön sauer auf uns. Wir sind nicht mehr das Spitzen-Stromfresserteam …
Die anderen sind uns ganz schön auf den Fersen. Der Boss will, dass wir die Besten sind, er will, dass wir mächtig Gas geben.

**Watt:** *empört*
Watt, watt, watt!

**Volt:** *energisch*
Die anderen sind uns um Kabellängen voraus!
Der Boss will aber, dass wir die Besten sind!
Er will, dass wir mächtig Strom geben.

**Watt:** *stotternd*
Watt, watt, watt heißt das genau?

**Volt:** *wie ein Sklavenantreiber*
Das heißt: Fressen! Fressen! Fressen! Freiwillige Nachtschicht, und noch mehr Strom einschalten! Der Boss will mehr Kohle scheffeln. Und wir müssen für höheren Stromverbrauch sorgen.
*zeigt die Fernbedienungskanone*
Und das geht: Hiermit!

**Watt:** *staunend*
Watt is denn dat?

**Volt:** *stolz*
Eine Fernbedienungskanone!

**Ampere:** *sichtlich beeindruckt*
Oh là là, eine super Gernbedienungskanone!

**Volt:** *genervt*
Eine FERNBEDIENUNGSKANONE, merk dir das gefälligst!

**Watt:** *sehr neugierig*
Wie geht die denn, darf ich auch mal?
*möchte die Kanone anfassen*

**Volt:** *chefmäßig*
Finger weg, und das sag ich dir nur einmal. Ich bin der Chef von uns, ist doch klar, oder?
*belehrend*
Seht ihr das Bürohaus da drüben? 27 Etagen …

**Watt:** *gelangweilt*
Ist ja groß genug und nicht zu übersehen.

**Volt:** *befehlend*
Genau hingucken. Ich fange oben an.

*Volt bedient die Kanone*
*Geräusche dazu*

**Ampere:** *begeistert*
Oh là là, da geht ja überall das Licht an!
Jetzt arbeiten die auch schon nachts!
Oh là là!

**Volt:** *genervt von Ampere*
Das war ich!
Genug gequatscht. Wir müssen los.
Jungs, lasst uns Strom fressen.
Der Boss soll stolz auf uns sein.
*Volt dreht sich noch einmal zu Watt um*
Vergiss den Sandstreuer nicht.
Super, Watt, du hast ja daran gedacht ihn aufzufüllen.

**Watt:** *nimmt den Sandstreuer*
Ja, watt denn, watt denn!

## Song: Wir streuen Sand, Sand, Sand

*Volt, Watt, Ampere*

⊙ **CD 03** Text: Hans-Jürgen Netz – Musik: Reinhard Horn

**Strophe 2:** Wir streuen Sand in die Augen, dass ihr nichts seht,
nichts merkt, nichts schnallt, nicht rafft, was hier passiert,
nichts merkt, nichts schnallt, nicht rafft, was hier passiert,
wir sind so cool, oh ja, wir sind so cool.

*Volt, Watt und Ampere gehen ab.*

## 2. Szene: Bei Paul und Paula zu Hause

*Paul und Paula liegen faul auf dem Sofa – der Fernseher läuft.*
*Paul futtert Salzstangen, Paula Chips.*
*Instrumentalmusik geht über in den Song*

### Song: Chillout with chips

*Paul und Paula*

**CD 04** Text: Hans-Jürgen Netz – Musik: Reinhard Horn

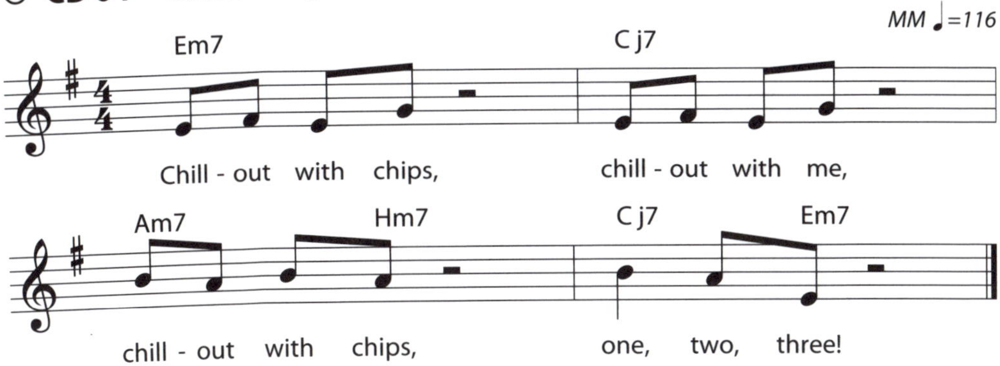


**Paul:** *mit Salzstangen im Mund – nicht zu begeistert*
Super Abend!

**Paula:** *mit Chips im Mund – eher gelangweilt*
Mama und Papa nicht da!

**Paul:** Die sollten viel öfter ins Kino gehen.

**Paula:** *gelangweilt*
Schalt mal um!

**Paul:** *zu Paula*
Nur wenn du mir die Chips gibst!

**Paula:** *zickig*
Okay, tausche Chips gegen Salzstangen!

**Paul:** Okay!

*Tauschaktion zwischen den beiden – recht zickig und albern. Währenddessen hüpft Watt vor der Bühne mit dem Sandstreuer herum. Volt und Ampere hinterher.*

## ⊙ CD 17 Musik: Wir streuen Sand, Sand, Sand (instrumental)

*Watt, Volt und Ampere verschwinden wieder.*

**Paula:** *reibt sich auf einmal die Augen*
Mensch, bin ich auf einmal müde.

**Paul:** *reibt sich auch die Augen und gähnt*
Ich auch, von jetzt auf gleich, komisch.

**Paula:** Ich geh ins Bett!

**Paul:** *knurrig*
Mit Zähneputzen?

**Paula:** *zickig*
Spinnst du?
Da schlaf ich doch vor dem Waschbecken ein.
Das mach ich morgen früh.

**Paul:** *gähnt kräftig*
Ich will auch nur noch ins Bett. Komm, wir gehen.
Gute Nacht.

**Paula:** *gähnt kräftig*
Gute Nacht.

*Paul und Paula gehen beide ab.*

*Volt, Ampere und Watt schleichen wieder vor der Bühne entlang.*

**Ampere:** *begeistert*
Oh là là, das sieht abä gut aus!

**Watt:** *stürzt sich auf Chips und Salzstange*
Watt lecker!!

**Volt:** *geschäftsmäßig*
Seht ihr. Super! Festtagsbeleuchtung. Licht an, Fernseher läuft. Keiner da. Alles prima. Los Männer, in dieser Straße machen wir weiter.
*zu Watt*
Hör auf zu die Chips zu fressen, friss lieber Strom!

*Volt, Watt und Ampere gehen ab.*

**⊙ CD 17 Musik: Wir streuen Sand, Sand, Sand (instrumental)**

## 3. Szene: Eisbär Lothar und Dr. Ping

*Neben der Bühne:*
*Dr. Ping kommt mit einem Koffer.*

**Dr. Ping:** Wo der Eisbär nur bleibt! Aber das ist typisch. Pünktlich war der noch nie. Dabei haben wir uns verabredet. –
*schaut auf die Landkarte*
Genau hier!
*schaut auf die Uhr*
Na gut, dann mache ich eben ein Pi-Pi, ich habe nämlich Hunger!
Und da ist ein Pi-Pi – ein Pinguin-Picknick genau das Richtige!
*öffnet seinen Koffer;*
*singt – dabei holt er die Decke heraus, den Heringstopf und die Flasche*
Oh, ein Pi-Pi, oh, ein Pi-Pi.
Eine Picknick-Decke, ein Heringstopf.
Oh, ein Pi-Pi, oh, ein Pi-Pi,
hmmh, lecker und eine Flasche frisches Eiswasser – hmmh!
Oh, ein Pi-Pi, oh, ein Pi-Pi.
Guten Appetit!
*isst sein Picknick – nach einer Weile*
So, ich glaube, ich muss mal für kleine Pinguine … also Pi-Pi.

*Dr. Ping geht nach rechts ab.*

*Lothar kommt von links*

**Lothar:** Oohh, das ist ja so was von warm. Puuh, diese Hitze hier, das ist ja kaum zu ertragen.

*Der Eisbär kommt an der Picknick-Decke an.*

**Lothar:** *erstaunt und erfreut*
Huppala, was ist das denn? Oohh, etwas zu essen. Das ist ja toll.
Hmmmh – Fisch und Eiswasser – meine Lieblingsspeise.

**Dr. Ping:** *kommt zurück und ruft begeistert*
Oh, Lothar, mein Freund!

**Lothar:** *verschluckt sich fast und ruft dann begeistert.*
Oh, Dr. Ping, mein Freund!

*Die beiden fallen sich in die Arme – tierische Begrüßung!*

## Song: Es ist gut, einen Freund zu haben – Das Freundelied

*Dr. Ping und Lothar*

**⊙ CD 05** Text: Hans-Jürgen Netz – Musik: Reinhard Horn

**Strophe**

**Refrain *(Dr. Ping)***

**Strophe 2 *(Lothar):*** Du bist der Wind in meinen Segeln,
ich bin froh, dass es dich gibt,
der Sonnenstrahl in meinem Leben,
der Freund, der auch die Erde liebt!

**Refrain *(Lothar und Dr. Ping)***

**Dr. Ping:** Das ist toll dich endlich wieder zu sehen.

**Lothar:** Ich freue mich auch riesig. Es ist schon so lange her, unser letztes Treffen.

*Die beiden setzen sich auf die Decke.*

**Lothar:** *isst weiter – spricht mit vollem Mund*
Wie geht es denn so am Südpol?

**Dr. Ping:** *leicht besorgt*
Du weißt ja, es wird immer wärmer auf der Erde, auch bei uns.

**Lothar:** *gemütlich bestätigend*
Ja, ja, das merken wir auch bei uns am Nordpol. Ich glaube, die Erde hat Fieber, und ich auch!
Fühl mal!

**Dr. Ping:** *fühlt seine Stirn*
Nein, nein, du hast kein Fieber!
*oberlehrerhaft*
Winter sind keine richtigen Winter mehr.

**Lothar:** *wischt sich den Mund ab*
Und die Sommer auch nicht!
Alles durcheinander!

**Dr. Ping:** Und die Luft wird immer schlechter …

**Lothar:** *wiederholt gemütlich*
Ja, ja, die Luft wird immer schlechter!

**Dr. Ping:** *grübelt*
Wir müssen etwas tun!

**Lothar:** Aber was?

**Dr. Ping:** Wir müssen den Menschen erklären, dass es so nicht weitergeht!
Wir müssen ihnen sagen, dass die Verschwendung aufhören muss!

**Lothar:** *nachdenklich*
Meinst du, Dr. Ping, die Menschen hören auf uns?

**Dr. Ping:** Wir müssen es versuchen!

**Lothar:** *traurig*
Also, ich brauche doch nicht viel –
ein bisschen Fisch und frisches Wasser, meine Eisbär-Frau und natürlich meine Eisscholle –
Ja, aber die wird immer kleiner …

## Song: Komme, was da wolle, ich brauche meine Scholle!

*Lothar*

⊙ **CD 06** Text: Hans-Jürgen Netz – Musik: Reinhard Horn

*Während des Liedes klatscht Dr. Ping immer wieder Beifall.*

**Dr. Ping:** Komm, lass uns aufbrechen!

**Lothar:** Da müssen wir aber erst dein Picknick auffuttern!

**Dr. Ping:** Ja, das machen wir!

*Eisbär und Pinguin machen sich lautstark über das Picknick her. Danach wird die Picknick-Decke von Eisbär und Pinguin relativ umständlich zusammengefaltet und kommt dann doch sehr zerknuddelt in den Koffer. Am Ende ist alles verstaut.*

*Lothar nimmt seinen Rucksack und der Pinguin seinen Koffer.*
*Dr. Ping zeigt auf die Bühne.*

**Dr. Ping:** *murmelt alles vor*
Wir müssen etwas tun!

**Lothar:** *brummt wie ein Echo alles nach*
Ja, wir müssen etwas tun!

**Dr. Ping:** Die Erde wird immer wärmer!

**Lothar:** Ja, immer wärmer, immer wärmer …

**Dr. Ping:** Und die Eisscholle immer kleiner!!!

**Lothar:** Au weia, das ist gar nicht gut!

**Dr. Ping:** Nein, wir müssen etwas tun …

**Lothar:** Ja, ja, ja!!!

**Dr. Ping:** Wir müssen etwas tun!

**Lothar:** Da hast du vollkommen Recht, Dr. Ping!

*Beide gehen so murmelnd und brummend ab.*

## ⊙ CD 20 Musik: Komme, was da wolle (instrumental)

# 4. Szene: Im Kühlschrank sitzt ein Eisbär!

*Paula kommt verschlafen, sich die Augen reibend auf die Bühne.*
*Sie gähnt, reckt und streckt sich erst einmal.*

**Paula:** Was ist denn hier los? Keiner da und alles ist an. Das haben wir gerne. Tolle Eltern!

*Paula schlurft zum Kühlschrank, macht den Kühlschrank auf und sofort wieder zu. Darin sitzt der Eisbär.*

**Paula:** *schreit auf*
Aaaaaaaaaaaaahh!!

**Paul:** *kommt ebenfalls gähnend auf die Bühne*
Was is denn los?

**Paula:** *stotternd*
P – P – P – P – Paul!
*steht nervös mit dem Rücken schützend vorm Kühlschrank*
Guten Morgen!

**Paul:** *leicht genervt*
Guten Morgen, was schreist du denn so, was ist passiert?

**Paula:** *stottert weiter*
Ach nichts … Mama und Papa sind schon weg … Schulbrote sind fertig. Was willst du frühstücken?

**Paul:** *zielsicher*
Cornflakes und Milch!
Gibst du mir mal die Milch aus dem Kühlschrank?

**Paula:** *bleibt verstört vor dem Kühlschrank als Wache stehen*
Milch? – Zuviel Milch ist gar nicht gesund!

**Paul:** *irritiert*
Was?

**Paula:** *weiter stotternd*
Heute gibt es …Tee, Tee! Ja, Tee ist viel gesünder!

**Paul:** *sauer*
Cornflakes mit Tee? Spinnst du? Was stehst du da vor dem Kühlschrank, gib mir die Milch!

**Paula:** *nach Ausreden suchend*
Nein, das geht nicht. Keine Milch da – Milch ist weg!
Einfach: weg!!!

**Paul:** *geht bestimmt auf den Kühlschrank zu – will Paula wegschieben*
Das glaubst du ja wohl selber nicht.
Geh mal zur Seite!

*Es schellt. Erst einmal, dann zweimal, dann Sturm!*

**Paula:** *sichtlich irritiert*
Ich glaub, es hat geklingelt!

**Paul:** *noch mehr genervt*
Ja, ich hab's gehört!

**Paula:** *stotternd*
Na, wie wär's, wenn du mal aufmachst?

**Paul:** *total sauer*
Hä? Spinnst du? – Du machst immer die Tür auf!

**Paula:** *völlig fertig*
Ich kann nicht! Ich hab keine Hand frei!

**Paul:** *geht zur Tür*
Jetzt tickt sie voll durch!

*Paul verschwindet von der Bühne.*
*Man hört aus dem „Off" einen Aufschrei von Paul.*

**Paula:** *besorgt*
Paul! – Was is denn?

**Paul:** *aus dem „off"*
Paula, hier steht ein Pinguin vor der Tür!

**Paula:** *geht vom Kühlschrank weg*
Was, noch ein Tier?

**Paul:** *kommt zurück*
Wieso noch ein Tier?

**Dr. Ping:** *schiebt Paul zur Seite*
Guten Tag! Entschuldigung, ist mein Freund Lothar hier?

**Paul u. Paula:** *irritiert, fassungslos*
Ein sprechender Pinguin?

**Dr. Ping:** *zickig*
Na, das ist doch nichts ungewöhnliches!
*wird allmählich etwas freundlicher*
Also: Ich suche meinen Freund Lothar, den Eisbären.
Wir haben uns heute Nacht verloren.
*noch freundlicher*
Äh, Entschuldigung! Mein Name ist Ping!
Professor Dr. Ping!

**Paula:** *gibt dem Pinguin die Hand*
Schön, und ich bin Paula, nur einfach Paula – ohne Doktor!

**Paul:** *machomäßig*
Und ich bin Paul – Superman Paul!

**Dr. Ping:** *bohrend*
Habt ihr ihn gesehen?

**Paula:** *zeigt langsam auf den Kühlschrank*
Ich glaube, er ist im Kühlschrank!

**Dr. Ping:** *geht zielsicher auf den Kühlschrank zu und öffnet den Kühlschrank*
Aha, hab ich es doch gewusst!

**Lothar:** *sitzt im Kühlschrank und schaut freundlich heraus*
*winkt*
Einen wunderschönen guten Morgen zusammen!
Könnt ihr die Tür bitte wieder schließen?
Hier ist es nämlich so schön kalt.

**Dr. Ping:** *völlig entrüstet*
Lothar! Du kommst da sofort raus!
Das ist ein Kühlschrank und kein Eisbär-Wohnzimmer.
*besorgt freundlich*
Wieso warst du so plötzlich verschwunden?
Ich habe mir Sorgen gemacht!

**Lothar:** *verlässt den Kühlschrank, gibt allen die Hand;*
*brummt*
Na, gut ich komm ja schon.
Du brauchst dir aber keine Sorgen machen.
Ich bin doch schon groß.

## Song: Im Kühlschrank ist es wunderschön

*Lothar*

**CD 07** Text: Hans-Jürgen Netz – Musik: Reinhard Horn

**Refrain**

**Strophe 2:** Bananeneis mit Marmelade
fehlt mir noch zum Glück,
eins aus dem Schlaraffenland,
ein riesengroßes Stück.

**Strophe 3:** Zitroneneis mit Heringssoße,
das wär jetzt der Hit,
wenn ihr das hier kriegen könnt,
bringt mir das bitte mit.

**Refrain**

*Paula findet allmählich wieder ihre Fassung*

**Paula:** Was macht ihr hier?
Was wollt ihr hier bei uns?
Wo kommt ihr her?

**Paul:** *cool*
Wir müssen nämlich gleich zur Schule!
*geht zum Kühlschrank und holt sich die Milch und macht sich Cornflakes – der Kühlschrank bleibt offen*
Wollt ihr mit uns frühstücken?

**Lothar:** *begeistert*
Oh ja, Fisch und Eiswasser!!! Hmmmmh!

**Dr. Ping:** *setzt sich und erklärt*
Also, ich bin Dr. Ping und das ist mein Freund der Eisbär Lothar!

**Lothar:** *brummt*
Ja, ich bin Lothar und das ist mein Freund, der Pinguin Dr. Ping!

**Dr. Ping:** *belehrend*
Wir sind hierher gekommen…

**Lothar:** *unterbricht ihn*
…und haben Picknick gemacht – mit Fisch und Wasser – hmmmmh!

**Dr. Ping:** *leicht genervt*
Wir sind hierher gekommen, weil die Erde immer wärmer wird.

**Lothar:** *brummt*
Ja, richtig!

**Dr. Ping:** Und die Luft immer schlechter …

**Lothar:** *brummt weiter*
… und und und meine Eisscholle immer kleiner!

**Dr. Ping:** *steht auf*
Wir müssen mit den Menschen reden!
Die Erde hat Fieber, die Erde ist krank!

**Lothar:** *sieht den offenen Kühlschrank*
… und der Kühlschrank ist offen!

**Dr. Ping:** *sieht den offenen Kühlschrank auch – spricht zum Eisbär*
Lothar, der Kühlschrank ist offen!

**Lothar:** *brummt*
Na, sag ich ja!

*Paula macht den Kühlschrank zu.*
*Dr. Ping schaut sich überall um, sieht das Licht und den Fernseher.*

**Dr. Ping:** Wisst ihr eigentlich, wie viel Strom bei einem offenen Kühlschrank verbraucht wird? – Und die Lampen sind auch an, Fernsehen läuft …

*Paula beginnt alles auszumachen.*

**Paula:** Okay, okay, ich mache schon alles aus!

**Paul:** *schaut auf die Uhr*
Oh, schon so spät! Ich muß meinen Tonno holen!

**Lothar:** *schaut auf*
Tonno? Ist das ein Fisch?

**Paul:** *lacht*
Nein, meinen Schultornister!

**Lothar:** *brummt*
Ach so!

**Paula:** Wollt ihr mitkommen? Dann zeige ich euch mein Zimmer!

**Lothar:** *steht auf und brummt*
Au ja!

**Dr. Ping:** *schließt sich an*
Na gut!

*Die vier gehen ab.*

## 5. Szene: Schon wieder alles aus!

### ⊙ CD 16 Musik: Wir sind die Stromfresser (instrumental)

*Die Stromfresser kommen zurück – sie sind vor der Bühne und schauen in das Zimmer hinein.*

**Volt:** *sauer*
Das ist doch nicht zu fassen! Schon wieder alles aus!
So kriegen wir niemals genug Stromfresser-Kilowatt.
Watt, watt ist da los?

**Watt:** *unschuldig*
Ich war's nicht!

**Ampere:** *ebenfalls säuselnd*
Oh là là, isch auch nischt, mon ami!

**Volt:** *bestimmend*
Los, alles wieder anschalten.
Aber diesmal machen wir das zusammen!

**Watt:** *trotzig*
Ich bin doch nicht blöd!

*Die drei rennen auf die Bühne – sehr umständlich, stolpern und verhaspeln sich. Machen alles wieder an, klatschen sich anschließend ab.*

**Volt:** *als Chef*
Watt, Sand streuen! Dann merken die nix.

*Watt streut Sand.*

**Ampere:** *schaut ins Publikum*
Oh là là, da drüben das Haus – Ist schon alles wieder aus!

*Volt schaltet mit der Super-Einschaltkanone alles wieder an.*

**Ampere:** Mit deiner Super-Einschaltkanone geht das ja richtig flott – oh là là!

*Die Stromfresser gehen ab.*

## ⊙ CD 16 Musik: Wir sind die Stromfresser (instrumental)

## 6. Szene: Da haben wir den Salat!

*Paul und Paula kommen als erste zurück, reiben sich dabei die Augen.*

**Paula:** *sieht die Lichter*
Was ist denn das? Alle Lichter schon wieder an?
Der letzte macht immer das Licht aus!

**Paul:** *wehrt sich*
Jawohl, die Letzte – und das warst ja wohl du!

**Paula:** *sauer*
Stimmt ja gar nicht!

**Paul:** *steigert sich*
Aber volle Kanne – ich bin zuerst raus gegangen!

**Paula:** *sauer*
Ich war's aber nicht! Merk dir das gefälligst!

**Paul:** Und die Kaffeemaschine?

**Paula:** Das war ich auch nicht!
Aber du hast die Milch aus dem Kühlschrank geholt!

**Paul:** Hey, ich hab den wieder zugemacht!

**Dr. Ping:** *kommt dazu und sieht sich um*
Das darf doch nicht wahr sein!
*wissend*
Aha, aha, aha!

*Lothar kommt als letzter dazu.*

**Lothar:** Puuuh, ist das warm hier, ich gehe zurück in den Kühlschrank!

**Dr. Ping:** *wissend*
Lothar, du bleibst hier!
Aha, aha, aha!
Wisst ihr was? Ich glaube das waren die Stromfresser!
Ganz sicher!
Da haben wir den Salat!

**Paul u. Paula:** Wer?

**Lothar:** *steht am Kühlschrank*
Stromfresser, kennt ihr die denn nicht?
Die gierigen Stromfresser.
Dr. Ping, wie heißen die noch mal?

**Dr. Ping:** *professoral*
Volt, Watt, Ampere!
Und die sind auf der ganzen Welt unterwegs.
Tausende von Stromfresser-Teams!
Und die sind Schuld, dass die Erde Fieber hat!

**Paula:** *setzt sich hin*
Wie bitte?

**Paul:** *setzt sich auch hin*
Ich verstehe immer nur STROMFRESSER.

*Pinguin stellt seinen Koffer auf den Tisch.*

**Dr. Ping:** *packt sein Lexikon aus*
Jawohl, Stromfresser!
Moment. Ich habe mein Lexikon mit. Prof. Dr. Pings großes Universal-Lexikon. Ich muss nur unter Stromfresser nachgucken und … Moment, Stri –Stra – Stro. Stromfresser! Da steht:
*liest aus dem Buch vor*
STROMFRESSER:
Stromfresser fressen mehr Strom als man braucht.
Man findet sie in alten Kühlschränken, in Gefrierschränken und und und … in so genannten Stand-by-Schaltungen!

**Paula:** *engagiert*
Also: Dann müssen wir alles ausschalten!

## Song: Alles hängt mit allem zusammen

*Dr. Ping*

⦿ **CD 08** Text: Hans-Jürgen Netz – Musik: Reinhard Horn

**Refrain**

**Strophe 2:** Der Südpol liegt fast neben Wuppertal.
Den Stromfressern ist Klimaschutz ja so was von egal …
Der Südpol liegt fast neben Wuppertal.

**Refrain**

*Während des Liedes machen Paul und Paula wieder alles aus.*

**Paula:** *besorgt*
Meint ihr, das reicht, wenn wir alles ausschalten?

**Paul:** *betroffen*
Ich glaube, so wird unsere Erde nicht wieder gesund!

**Lothar:** *auch betroffen*
Ja, so schaffen wir das bestimmt nicht.
Nicht heute und nicht morgen!

**Paul u. Paula:** Genau!

**Lothar:** *gähnt und reckt sich*
Ich glaube ich mach jetzt erst mal ein Schläfchen.

*Lothar geht Richtung Kühlschrank.*

**Dr. Ping:** *ermahnt Lothar*
Lothar, ein Schläfchen ist okay – aber nicht im Kühlschrank.
Hier ist eine weiße Decke, das sieht doch aus wie eine Eisscholle.
Leg dich mal schön da drauf!

**Lothar:** *legt sich aufs Sofa*
Oohh, ja, danke!

**Paula:** *nimmt die Decke und will ihn warm zudecken*
Ich deck dich auch zu!

**Lothar:** Bloß nicht. Mir ist schon warm genug. Ich schwitze ja wie drei Bären.

**Paula:** *schaut auf die Uhr*
Ach du grüne Neune! Paul, wir müssen zur Schule!

**Paul:** Mist!

**Dr. Ping:** Dann müsst ihr euch eben eine Ausrede einfallen lassen!

**Paul:** Na super – dann sagen wir: Wir haben einen Eisbär und einen Pinguin getroffen, deswegen kommen wir zu spät!
Na klasse!

**Paula:** *drängelt*
Los, uns wird schon was einfallen.

**Paul:** Okay, aber unseren Freunden sagen wir Bescheid! Die helfen uns bestimmt! – Und dann geht's auf STROMFRESSER-JAGD!

**Paula:** *hat ihren Tonno*
Und dann brauchen wir aber auch Erwachsene.

**Paul:** *nimmt seinen Tonno*
Nee, bis die was kapieren. Das dauert viel zu lange. Außerdem sagen die immer: „Gleich, gleich" oder: „Das machen wir später".

**Paula:** *schon fast draußen*
Los jetzt, Paul!

**Paul:** *zu Lothar und Dr. Ping*
Ihr beiden ruht euch aus, bis wir wieder da sind.

*Paul und Paula aus dem off*

**Paula:** Und wir bringen ganz viele Freunde mit!

**Paul:** Versprochen!

**Dr. Ping u. Lothar:** Tschüss!

## 7. Szene: Ein kleines Nickerchen

*Lothar liegt auf dem Sofa auf der weißen Decke.*
*Dr. Ping setzt sich in den Sessel. Lothar wälzt sich hin und her.*

**Lothar:** Dr. Ping, das ist alles so aufregend! Ich kann gar nicht einschlafen! Singst du mir ein kleines Schlaflied vor?

**Dr. Ping:** *abwehrend*
Ein Schlaflied?

**Lothar:** Oh ja, bitte!

**Dr. Ping:** Na gut!
*Dr. Ping singt*
Ein Schäfchen macht ein Schläfchen, das hat es sich verdient …

**Lothar:** *unterbricht*
Du singst den falschen Text. Das geht doch so:
*Eisbär singt*
Ein Schäfchen sucht sein Schläfchen, wo hat es sich versteckt …

**Dr. Ping:** *unterbricht*
Nein, das ist ganz falsch. Das geht so:
*Dr. Ping singt*
Ein Schläfchen wie ein Schäfchen, das hab ich mir verdient.

**Dr. Ping u. Lothar:** *singen gemeinsam*
Die Füße hoch, die Hände auf den Bauch,
ich ruh mich aus, komm, mach du das auch.
Ich wünsch uns eine gute Ruh
und deck mich mit ´ner Wolke zu!

**Dr. Ping:** Schlaf gut!

**Lothar:** Gute Nacht!

## Song: Ein Schläfchen wie ein Schäfchen

*Lothar und Dr. Ping*

⊙ **CD 09** Text: Hans-Jürgen Netz – Musik: Reinhard Horn

# 8. Szene: Gefangen!

**⊙ CD 23** **Musik: Ein Schläfchen wie ein Schäfchen (instrumental)**

*Die Stromfresser kommen auf die Bühne.*

**Ampere:** *schaut sich um*
Oh là là, hier ist ja schon wieder alles aus. Oh là là!

**Volt:** *hört sich um*
Pssst! Sei still! Ich hör was!
Da sind Schnarchsäcke!

**Ampere:** Oh là là, isch höre Schnarschsäcke!

**Volt:** *entschieden*
Psst!

**Watt:** *besorgt*
Au Backe, ein Eisbär und ein Pinguin. Ich rufe sofort den Zoo an.
*holt sein Handy raus*

**Volt:** *nimmt ihm das Handy weg*
Du rufst gar keinen an.
Du spinnst wohl!
Die beiden sind die Kinder-Anstifter.

**Ampere:** *belustigt*
Kinder-Anspitzer?

**Volt:** *genervt*
Kinder-ANSTIFTER!
Mein Gott, bist du blöde!

**Watt:** *großkotzig*
Watt denn, watt denn!
Denen streu ich Sand in die Augen.

**Volt:** *völlig genervt*
Das hilft bei Tieren nicht!
Ich hab es nur mit Deppen zu tun!

**Ampere:** *geht zum Kühlschrank und streichelt ihn*
Oh là là, dann sperren wir sie in den Kühlschrank.

**Volt:** *holt Ampere vom Kühlschrank weg*
Willst du denen auch noch eine Freude machen? Der eine, das ist Prof. Dr. Ping, ein Oberklugscheißer. Der andere ist Lothar, der Eisbär vom Nordpol!

**Ampere:** *ängstlich, will weglaufen*
Oh, Nordpolizei!
Isch bin weg!

**Volt:** *hält ihn fest*
Halt, hier geblieben!
Los, wir fesseln die beiden mit Stromkabelbindern, und wenn sie sich wehren, gibt es was auf die Nase.

**Watt:** *baut sich als Boxer auf*
Auf die Nase, auf die Nase, hey hey hey!
Auf die Nase, auf die Nase, hey hey hey!

**Volt:** Halte dich zurück. Fesseln sag ich, vorsichtig und leise.
*holt zwei Kabelbinder heraus*
Du den Eisbär – ich den Pinguin!

**Ampere:** Oh là là, und ich schalte alles wieder an!
*macht alle Lichter wieder an, Kühlschrank auf, Fernseher an …*
Und knips.
Und knips.
Und knips …

**Watt:** *zu Volt, petzend*
Chef, ich hab noch schnell die Kaffeemaschine eingeschaltet,
die hat Ampere vergessen!

**Volt:** *lobend*
Prima Watt. Wir müssen weiter.

*Stromfresser gehen ab*

## ⊙ CD 16 Musik: Wir sind die Stromfresser (instrumental)

## 9. Szene: Aber wie?

*Paul und Paula kommen zurück. Sie stellen die Tonnos in die Ecke.*

**Paula:** *entrüstet*
Was ist denn hier los, das ganze Licht ist schon wieder an. War'n wir das etwa?

**Paul:** *angriffslustig*
Wow! Das können nur die Stromfresser gewesen sein.

**Paula:** *etwas ängstlich*
Echt?

**Paul u. Paula:** *sehen Lothar und Dr. Ping*
Guck mal! Lothar und Dr. Ping sind gefesselt!

**Paul:** Komm schnell, wir müssen sie losmachen!

*Paul und Paula befreien Lothar und Dr. Ping.*
*Dr. Ping und Lothar umarmen die Kinder.*

**Lothar:** Oh, Danke! Danke! Ihr seid wirkliche Freunde!

**Dr. Ping:** Danke! Danke!

**Paula:** *besorgt*
Was war denn los?

**Dr. Ping:** *entrüstet*
Das waren die gierigen Stromfresser, die kriegen den Hals nicht voll.

**Lothar:** *Bestätigend*
Genau!

**Dr. Ping:** *entrüstet*
Denen müssen wir das Handwerk legen.

**Lothar:** *bestimmt*
Und zwar sofort!

**Dr. Ping:** Ja!

**Paul:** Aber wie?
**Paula:** Aber wie?

## Song: Aber wie?

*Paul und Paula*

⊙ **CD 10** Text: Hans-Jürgen Netz – Musik: Reinhard Horn

## 10. Szene: Ich glaub, ich hab 'nen Plan!

**Dr. Ping:** *entschlossen – geheimnisvoll*
Hört mal, ich hab da einen Plan …

**Paul:** *neugierig*
Los, erzähl!

**Dr. Ping:** *ruft alle näher – geheimnisvoll*
Passt auf! Kommt näher!
Also, mein Plan geht so:
Wir machen jetzt wieder alles aus!
Und dann verstecken wir uns hier im Zimmer.

**Lothar:** *begeistert*
Oh ja, ich im Kühlschrank!

**Dr. Ping:** *mahnt zur Ruhe*
Nein, psst! Nur Paul und Paula verstecken sich.
Wir legen uns so hin, als ob wir noch gefesselt wären.

**Lothar:** *enttäuscht*
Das war aber gar nicht schön mit den Fesseln!

**Dr. Ping:** Wir tun nur so, als ob wir gefesselt sind!

**Lothar:** *entsetzt*
Aber schön war's trotzdem nicht!

**Dr. Ping:** Lothar!
Wenn die Stromfresser sehen, dass alles wieder aus ist, kommen die garantiert zurück und wollen alles wieder anmachen!

**Paula:** *völlig begeistert*
Superidee!

**Lothar:** *neugierig*
Und dann?
**Paul:** Und dann?
**Paula:** Und dann?

**Dr. Ping:** *winkt die drei noch näher zu sich heran und flüstert*
Und dann kommen Paul und Paula aus ihrem Versteck.

**Lothar:** *mit großer Stimme*
Und legen ihnen das Handwerk!

**Dr. Ping:** Ja!
**Paul:** Ja!!
**Paula:** Ja!!!
**Lothar:** Ja!!!!

*Pause*

**Paula:** *besorgt*
Aber wie?

**Paul:** Aber wie?
**Paul u. Paula:** Aber wie?

## ⊙ CD 10 Song: Aber wie?

*Paul und Paula*

**Dr. Ping:** *oberlehrerhaft*
Ich denke, ich glaube, ich weiß schon wie …
*nimmt sein Universal-Lexikon und holt alle zu sich heran*
Kommt mal näher, Freunde!
Hier in meinem Universal-Lexikon, ja da steht es nämlich schwarz auf weiß: Stromfresser haben einen Ausschalter!
Das heißt: Stromfresser kann man ausschalten.
Das ist es!

**Paul:** Super!
**Paula:** Super!!
**Lothar:** Super!!!

**Paula:** *besorgt*
Aber wie?

**Lothar:** Aber wie?
**Paul:** Aber wie?

**Dr. Ping:** *blättert im Buch – resigniert*
Das steht hier nicht!

*Pause*

**Paula:** Also meistens ist der Ausschalter so ein Knopf!

**Paul:** Ja, den kann man dann an- und ausschalten.

**Paula:** Und meistens ist der hinten.

**Dr. Ping:** *klappt das Buch zu*
Also dann:
*feierlich*
Möge der Plan gelingen!

**Lothar, Paul u. Paula:** *Alle legen ihre Hände aufeinander.*
Möge der Plan gelingen!

*Paul und Paula verstecken sich.*
*Lothar und Dr. Ping legen sich wieder hin –*
*Lothar in den Sessel und Dr. Ping aufs Sofa.*

## 11. Szene: Die Stromfresser tappen in die Falle

### ⊙ CD 16 Musik: Wir sind die Stromfresser (instrumental)

*Die Stromfresser kommen zurück auf die Bühne.*

**Watt:** *guckt sich um*
Volt, hier is' watt kaputt.
Schon wieder alles aus.
Nee, nee, nee!

**Ampere:** *freut sich*
Oh là là, da mache isch alles wieder an!

**Volt:** *sehr nachdenklich*
Hier stimmt was nicht.
Die lagen vorhin ganz anders.
Der Eisbär auf dem Sofa und der Pinguin im Sessel.
Und jetzt: Eisbär – Sessel und Pinguin – Sofa.
Männer, hier stimmt was nicht!

*Lothar und Dr. Ping erschrecken die Stromfresser.*

**Lothar:** Ätsch!

**Dr. Ping:** Buh!

*Paul und Paula kommen aus dem Versteck.*

**Paul:** Jetzt!

**Paula:** Attacke!
**Paul:** Attacke!

**Paula:** Los, auf sie!
**Paul:** Los, auf sie!

**Paula:** Schnell, schnappen wir sie!
**Paul:** Schnell, schnappen wir sie!

*Sie schalten die Stromfresser am Rückenschalter ab.*

*Die Stromfresser bleiben bewegungslos so stehen, wie sie ausgeschaltet wurden.*

## Song: Stand-by – goodbye!

*Paul und Paula*

⊙ **CD 11** Text: Hans-Jürgen Netz – Musik: Reinhard Horn

**Refrain**

**Strophe 2:** Das frisst noch Strom, sieh dir das an,
was ich aber ändern kann.
Das frisst noch Strom, sieh an,
was ich aber ändern kann.

**Refrain**

## 12. Szene: So viele Stromfresser

*Paula steht hinter Volt. Sie hebt eine Liste auf, die Volt verloren hat, guckt sich um.*

**Paula:** *zu allen*
Schaut mal! Der hat eine Liste verloren!

**Dr. Ping:** *nimmt sich die Liste*
Ah, darf ich mal sehen?
*liest und schaut sich die Liste an*
Oh, das darf doch nicht wahr sein!!
Das ist die Liste aller Stromfresser-Teams. Hier steht ganz genau drauf, welches die gierigsten Stromfresser sind. Die sind auf der ganzen Welt unterwegs und das sind ganz schön viele.

**Paul:** *besorgt*
Zeig mal!

*Paul rollt die lange Tapete aus.*

**Paul:** *sehr besorgt*
Was? So viele sind das!
Au weia, das schaffen wir nicht!

**Lothar:** *traurig*
Oohh! Nein, das schaffen wir nicht!

**Dr. Ping:** *setzt sich hin*
Das ist nicht einfach!

*Pause*

**Paula:** *springt auf*
Doch! Wir haben doch unseren Schulfreunden Bescheid gesagt!

**Paul:** *begeistert*
Ja, die müssten gleich hier sein!

**Paula:** Ich guck mal.

*Paula geht von der Bühne.*

**Paul:** *läuft hinterher*
Warte, ich komme mit!

**Lothar:** Dr. Ping – Paul und Paula sind wirkliche Freunde!

**Dr. Ping:** *seufzt*
Ja, aber davon brauchen wir noch viel mehr!

*Paul und Paula kommen mit ihren Freunden zurück.*

**Paula:** *zu Eisbär und Pinguin*
Das sind unsere Freunde.

**Lothar:** Das sind aber viele!

**Dr. Ping:** Das ist ja toll!

*Eisbär und Pinguin begrüßen die Kinder.*

**Lothar:** *gerührt*
Ihr seid alle unsere Freunde?

**Paula:** *mutig*
Wir helfen euch, bis wir alle Stromfresser ausgeschaltet haben!

**Paula:** Im ganzen Land …

**Paula:** … und auf der ganzen Erde!

## Song: Wir sind kleine Helden

*Paul, Paula, Lothar, Dr. Ping und die Freunde*

**CD 12** Text: Hans-Jürgen Netz – Musik: Reinhard Horn

**Strophe 2:** *Paul*
Der Erde geht es schlecht,
ihr habt ja so Recht.
So kann's nicht weitergehn,
es muss etwas geschehn!

**Refrain**

## 13. Szene: Lizenz zum Ausschalten

*Lothar und Dr. Ping klatschen begeistert Beifall.*

**Lothar:** *nachdenklich*
Aber wie?
Aber wie finden wir noch mehr kleine Helden?

**Paula:** *auch nachdenklich*
Aber wie?

**Paul:** *auch nachdenklich*
Aber wie?

**Freunde:** Aber wie?

**Dr. Ping:** *grübelt*
Ich hab da 'ne Idee …
*geht hin und her, denkt nach …*
Also, wir brauchen eine Lizenz …

**Alle:** Eine WAS?

**Dr. Ping:** Eine LIZENZ! Ja, eine Lizenz zum Ausschalten!

**Alle:** Eine Lizenz zum Ausschalten?

**Paul:** Cool, wie bei James Bond?

**Dr. Ping:** Also, äh, nein, äh ja, äh anders, aber doch so ähnlich:
Also so ´ne Art: „GENEHMIGUNG"!

**Lothar:** Ge-neh-mi-gung – klingt aufregend!

**Dr. Ping:** Dann können alle Kinder zu Hause die Stromfresser ausschalten! Das ist es!

*Dr. Ping fängt an die Lizenzen zu unterschreiben.*

**Lothar:** *ins Publikum*

Ge-neh-mi-gung … für zu Hause … und alle Kinder machen mit! Super!! Wollt ihr uns helfen und Freunde der Erde sein?

*Lothar und die Kinder gehen ins Publikum und verteilen die Lizenzen zum Ausschalten.*
*Dr. Ping bleibt auf der Bühne.*
*Paul und Paula schalten die Stromfresser immer kurz an und sofort wieder aus.*

## Song: Wir schalten alles aus

*Paul, Paula und die Freunde*

⊙ **CD 13** Text: Hans-Jürgen Netz – Musik: Reinhard Horn

# 14. Szene: Es geht auch anders!

*Alle kommen zurück auf die Bühne.*

**Paula:** Aber wenn wir alles ausschalten, dann ist ja alles aus. Keine Musik mehr!

**Paul:** Kein Fernsehen!

**Paula:** Kein Licht!

**Lothar:** Und kein Kühlschrank!

**Dr. Ping:** *oberlehrerhaft*
Papperlapapp!
Hier in meinem Lexikon, Prof. Dr. Pings Universal-Lexikon, steht es:
Also, passt auf:
Strom brauchen wir, aber keine Stromfresser!
Und nicht noch mehr Kraftwerke, die die Luft verpesten!
Und keine stinkenden Autos!
Und und und!
Wir müssen etwas ändern, damit die Erde nicht noch wärmer wird.

**Lothar:** *besorgt*
Ja bitte, nicht noch wärmer!

**Paula:** Und wie soll das gehen?

**Paul:** Ihr habt doch immer so gute Ideen!

**Dr. Ping:** *stolz*
Ja, dafür gibt es eben mein Universal-Lexikon!
Also, da schau ich nach unter:
„Es geht auch anders!" und da steht …
Moment … hier haben wir es:
„Die erneuerbaren Energien helfen, dass wir ein besseres Klima bekommen!"

**Alle:** *fragend*
Was?

**Dr. Ping:** *oberlehrerhaft*
Erneuerbare Energien!

**Lothar:** *fragend*
Was ist denn das?

**Dr. Ping:** *klappt das Lexikon zu*
Das ist ganz einfach:
Sonne, Wasser, Wind!

**Paul:** Also, Sonnenkollektoren …

**Paula:** … und Windräder …

**Paul:** … und Wasserkraftwerke …

**Lothar:** Am besten mit Fisch!

**Dr. Ping:** *tadelnd*
Lothar! Ohne Fisch!

*Diese Lizenz kann hier kopiert oder im Internet unter* ***www.dr-ping.net*** *heruntergeladen werden.*

## Song: Sonne, Wasser, Wind

*Paul, Paula und Freunde*

⊙ **CD 14** Text: Hans-Jürgen Netz – Musik: Reinhard Horn

*Zu diesem Song kann auch gut ein Tanz einstudiert werden – in den drei Zwischenspielen können Sonne, Wasser und Wind dargestellt werden.*

## 15. Szene: Neues für die Stromfresser

*Die Freunde gehen von der Bühne.*
*Es bleiben die Stromfresser, Paul, Paula, Lothar und Dr. Ping.*

**Paula:** *sieht die Stromfresser*
Und was machen wir mit denen?
Die stehen uns hier nur im Wege rum!

**Lothar:** Ich weiß, was wir machen!
Wir machen die immer an und aus und an und aus …
Das ist lustig!
*zum Publikum*
Helft ihr mir mit:
An – (Gemurmel von den drei Stromfressern)

Aus –

An – (Gemurmel von den drei Stromfressern)

Aus –

An – (Gemurmel von den drei Stromfressern)

Aus

**Paula:** Oder wir geben denen ganz einfach Windräder in die Hände – dann können die pusten und Wind machen!

*Paula gibt den drei Stromfressern Windräder in die Hand.*

**Dr. Ping:** Sehr gute Idee!
Also hier habt ihr Windräder!
Und immer schön pusten!

*Die drei Stromfresser gehen pustend von der Bühne.*

## 16. Szene: Und tschüss!

*Lothar, Dr. Ping, Paul und Paula bleiben auf der Bühne.*

**Lothar:** Jetzt will ich aber wieder nach Hause – auf meine Eisscholle und zu meiner Familie!

**Dr. Ping:** Ja, ja, ich muss auch wieder los. Bei uns am Südpol beginnt bald das neue Winter-Semester. Da werde ich gebraucht. Ich muss dann wieder Vorlesungen halten.

**Lothar:** Der berühmte Professor Dr. Ping kann dann am ganzen Südpol erzählen, dass wir neue Freunde gefunden haben, die uns helfen, die Erde zu retten.

**Dr. Ping:** Und du kannst es am Nordpol erzählen …

**Lothar:** Genau!

**Dr. Ping:** Denn auf Paul und Paula können wir uns verlassen, die helfen uns.

**Lothar:** *ergänzt*
Und auf die Freunde von Paul und Paula!

**Paul:** *stolz*
Ihr könnt euch auf uns verlassen!

**Paula:** *stolz*
Ja, das versprechen wir euch!

*Alle umarmen sich.*

**Lothar:** *ganz gerührt*
Ihr seid wunderbar, bei euch fühl ich mich wohl, wenn es nur nicht so warm wäre. Ich freue mich schon ganz dolle auf meine Scholle!

**Dr. Ping:** Ihr seid Freunde der Erde, das ist toll.
Also: Freunde der Erde?

**Lothar:** Abgemacht?

**Alle:** Abgemacht!!

**Lothar:** Na, dann: Los!

**Dr. Ping:** Tschüss!

**Alle:** Tschüss!

**Lothar:** Tschüss!

## Song: Freunde der Erde – Friends of the Earth

*Alle*

**CD 15** Text: Hans-Jürgen Netz – Musik: Reinhard Horn

**Strophe 2:**

Damit die Erde überlebt,
spannt sich ein Freundschaftsband
von dir zu mir,
von Stadt zu Stadt,
von Hand zu Hand,
ein buntes Freundschaftsband!

**Refrain**

**Tonartwechsel nach D-Dur**

Finito

# Vorhang auf! Premiere!

**Tipps für Regie, Bühnenbild, Kostüme, Musik, Licht und Werbung**

# Tipps für Regie, Bühnenbild, Kostüme, Musik, Licht und Werbung

**Für die Aufführung eines richtigen Musicals braucht es eine Menge an Vorbereitung und vor allem: Spaß und Begeisterung!**

Also: Los geht's!
Denn erstens: Der Text ist ja bereits fertig. Und zweitens: Die Musik – die braucht man ja für ein Musical – ist auch schon fertig! – Super!

Nun haben wir ein paar „Profis" gebeten, uns einige Tipps für unsere Musical-Aufführung zu schreiben.

## Die Regie

**Also, da ist zunächst der Regisseur – also, der sitzt meistens im Regiestuhl, hat das dicke Textbuch auf seinem Schoß, trinkt mehrere Liter Kaffee und sein wichtigster Satz ist:**
**„Ruhe! Ich kann so nicht arbeiten!" – meistens eben!**

Der Reschissör hat's schwör

**Das ist Andreas. Andreas – er heißt mit Nachnamen Robertz – ist Regisseur.**
**Der arbeitet mal in Münster, mal in Köln, dann in New York – der kommt also viel herum. Und Andreas hat uns ein paar Tipps geschrieben – für die Regie:**

Ein Regisseur ist so was ähnliches wie ein Trainer – er schaut sich seine Spieler an, und dann versucht er daraus eine richtig gute Mannschaft zu machen.
Das erste also, was ich zu tun habe, ist die **Rollen richtig zu besetzen**.
Das geht am besten mit Lesen in verteilten Rollen. Immer mal wieder wechseln, bis hinterher alle wissen, welche Rolle zu wem am besten passt.

Dann übe ich mit den Schauspielern, dass sie die Texte ihren Rollen entsprechend gut sprechen – also der Eisbär spricht gemütlich und etwas tief, der Pinguin klingt vielleicht ein wenig näselnd, „Watt" stottert und verhaspelt sich andauernd, „Ampere" hat einen französischen Akzent und „Volt" ist ziemlich hektisch und stressig – also voll unter Strom.

Dann werden die einzelnen Szenen geprobt und geübt.
Als Regisseur schaue ich immer zuerst, was die einzelnen Schauspieler mir „anbieten", d.h. wie sie die **Szenen spielen und gestalten**. Das nehme ich auf und verstärke es –

wichtig ist, dass sich jede/jeder mit seiner Rolle anfreundet und sich darin gut zurecht findet – er soll ja zum Beispiel hinterher wirklich ein fieser Stromfresser sein.

Und ganz wichtig ist das **Timing**:
Das bedeutet, wann mache ich in den Dialogen kleine Pausen – zum Beispiel um einen Gag vorzubereiten, oder um die Spannung zu erhöhen.

Und neben dem Timing sind die **Rhythmus-Wechsel** wichtig – also Szenen, die schnell gespielt werden und Szenen, bei denen man sich Zeit lassen kann.
In unserem Musical ist so eine Szene mit viel Zeit die Szene 2 (Bei Paul und Paula zu Hause) und die Szene 7 (Ein kleines Nickerchen) – Szene 4 (Im Kühlschrank sitzt ein Eisbär) und Szene 11 (Die Stromfresser tappen in die Falle) dagegen brauchen Tempo.
Das nennt man übrigens in der Fachsprache **Dramaturgie**.

**Und damit unser Musical nach was Richtigem aussieht, brauchen wir jemanden fürs Bühnenbild und für die Kostüme – ziemlich wichtig!!**

# Die Bühne & die Kostüme

**Auch die Bühnen- und Kostümbildnerin hat einen wichtigen Satz: „Mal schauen, was mir dazu einfällt!" – der ist ziemlich wichtig, um den genervten Regisseur zu beruhigen.**

**Das ist Diana. Diana – sie heißt mit Nachnamen Pähler – ist Bühnen- und Kostümbildnerin. Auch sie arbeitet an verschiedenen Theatern, mal hier und mal da. Am liebsten lebt sie aber in Dortmund. Und in Dortmund hat sie sich an ihren Schreibtisch gesetzt und sich unser Musical angeschaut. Dann hat sie gesagt: „Mal schauen, was mir dazu einfällt!", und hat angefangen, alles Wichtige aufzuschreiben:**

Das Wichtigste für mich ist es, einen Raum zu schaffen, in dem gespielt werden kann. In unserem Musical ist es ganz gut – es gibt nur einen Raum:
Die Wohn-Küche von Paul und Paula!
Und hier passiert eben fast alles: Hier treffen sich Paul und Paula mit Eisbär und Dr. Ping, hier tauchen dauernd die Stromfresser auf und hier geschieht alles Wesentliche. Deswegen muss in diesem Raum alles aufgebaut werden: Das Sofa mit Tisch und Stühlen, der Kühlschrank, der Fernseher und ein paar kleine Requisiten, die den Raum zu einem „Wohnraum" werden lassen.

**So etwa könnte der Raum aussehen:**

Zwei Szenen können vor der Bühne spielen – das erste Treffen der Stromfresser und das Picknick von Dr. Ping und Eisbär. Das kann man gut durch Licht darstellen.

**Nun gibt es ein paar wichtige Requisiten:**

Der **Kühlschrank** – da muss auf jeden Fall der Eisbär reinpassen, und er muss Licht haben!

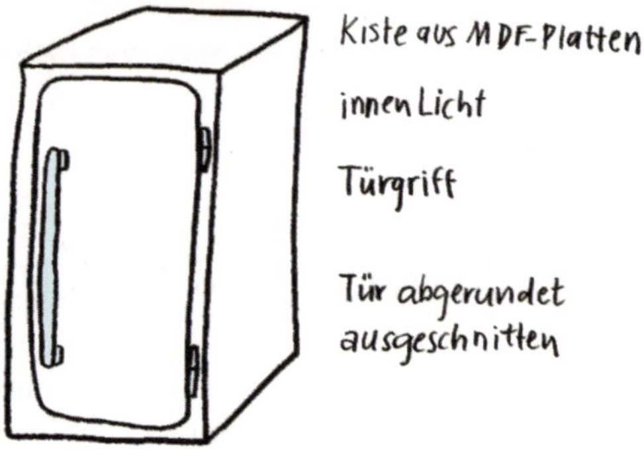


Der **Fernseher** – da sollte am besten immer etwas laufen – das kann man gut per DVD einspielen.

Die **Fernbedienungskanone** – das habe ich euch mal aufgemalt, wie das aussehen könnte:

Und dann haben wir noch den **Erste-Hilfe-Koffer** von Dr. Ping mit seinem **Universal-Lexikon**, das könnte so aussehen:

Und für die „Freunde der Erde" brauchen wir noch eine **Lizenz zum Ausschalten**. Das habe ich mal so gemalt:

Kann aber auch anders aussehen!

Der **Sandstreuer** – auch wichtig, könnte so aussehen:

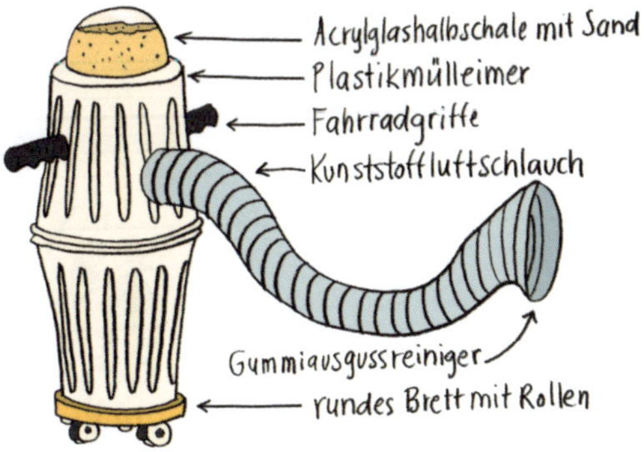


**Jetzt kommen wir zu den Kostümen:**

Unsere beiden Hauptfiguren – **Dr. Ping** und **Lothar** – habe ich mal aufgemalt:

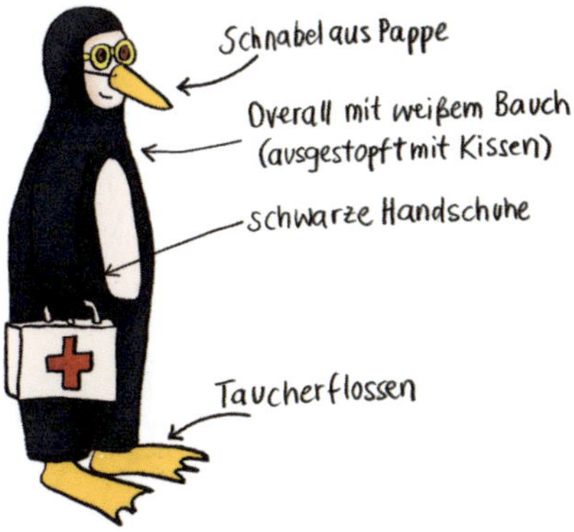


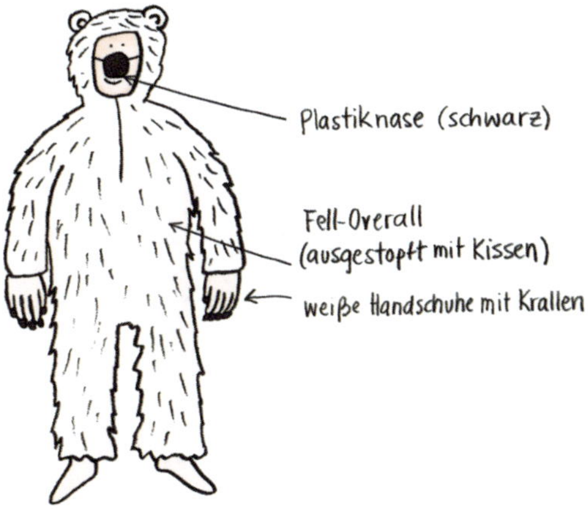


Und nun kommen wir zu den Fiesen – den **Stromfressern**.

**Watt, Volt** und **Ampere** sollten schön fies aussehen. Mein Vorschlag für die drei:

Die drei muss man gut unterscheiden können und doch müssen sie irgendwie verwandt aussehen.

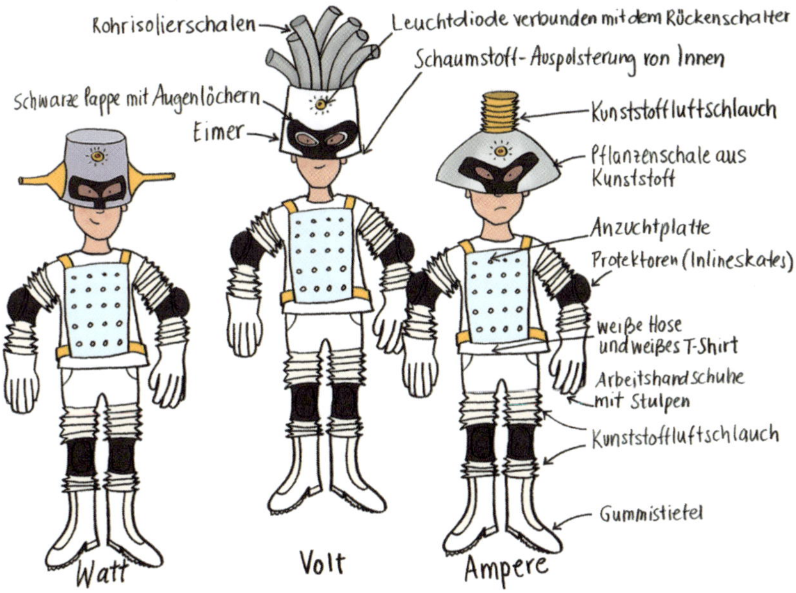

Ach ja, und dann ist ja auch noch ganz wichtig der **Ausschalter** auf dem Rücken. Das habe ich mir so vorgestellt:

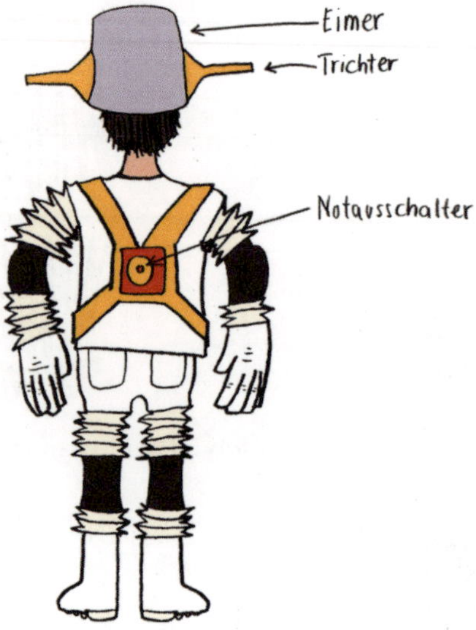


Ja, und dann sind da ja noch **Paul** und **Paula.**
Die könnten so aussehen:

Und dann habe ich noch eine Idee für die **„Freunde der Erde"** – die könnten so ausschauen:

Für das Bühnenbild, die Requisiten und die Kostüme sollte man rechtzeitig anfangen, zu basteln – so zehn Wochen vorher wäre sehr gut. Die Schauspieler wollen ja gern in dem Bühnenbild, im Kostüm und mit den Requisiten proben – vor allem in den letzten Proben vorher!

**So, jetzt haben wir schon 'ne Menge zusammen:**
**Regie und Bühnenbild und Kostüme.**

# Die Musik

**Für ein richtiges Musical ist natürlich die Musik echt wichtig. Dafür gibt es einen Komponisten.**

**Und der hat auch einen wichtigen Satz: „Das kann doch nicht so schwer sein!"**

**Das ist Reinhard. Reinhard – heißt mit Nachnamen Horn (so wie das Nashorn) – ist Komponist.** Und eines Tages ist er zu seinem Flügel gegangen und hat angefangen, sich Töne zu den Texten (die hat der Hans-Jürgen geschrieben, das steht ja vorne auf dem Buch) einfallen zu lassen. Und irgendwann ist er dann mit den Tönen zu seinen Freunden gegangen. Die spielen Schlagzeug, Bass, Gitarre, Flöte, Percussion, Saxophon und Keyboard. Und dann haben alle gemeinsam überlegt. Und dann irgendwann hat er gesagt: „Das kann ja nicht so schwer sein!"
Und dann ging es los und irgendwann waren die Musik und die CD fertig.

Sobald der Regisseur die Rollen für die Schauspieler ausgesucht hat, geht's auch ans Lernen der Lieder.
Am besten wenn man eine CD hat, auf der man die Lieder immer wieder hören kann, bis man die Melodie und den Text gut kann – natürlich „auswendig!" – ist doch klar!

Wenn das so weit ist, geht man eigentlich zu einem Gesangslehrer, heute heißt das „Vocal Coach" – das kennt ihr sicher von „Deutschland sucht den Superstar". In eurem Fall ist vielleicht eure Lehrerin euer „Vocal Coach". Mit ihr übt ihr die Lieder noch mal durch. Vielleicht macht ihr ein paar Gesangsübungen, damit eure Stimme gut klingen kann. Wichtig ist, dass ihr mit eurem „Vocal Coach" überlegt, wie das Lied gesungen werden soll – welches Gefühl also wichtig ist: Ist das Lied frech oder eher verträumt, braucht es „Power" oder ist es eher ein ruhiges Lied. So wird euer Lied unverwechselbar, und das soll es ja auch.

Und solltet ihr mit einem Mikrofon singen, dann hier ein paar Mikro-Tipps:

- das Mikrofon immer so halten:

- so geht auch, ist aber nicht so gut:

- Kräftig in das Mikrofon singen!
- Wenn ihr mal richtig laut singen müsst, dann haltet das Mikrofon etwas vom Mund weg. Sonst fallen den Zuhörern die Ohren ab!
- Und wenn ihr etwas sehr Zartes singt, dann nehmt das Mikrofon bis an eure Lippen heran – dann klingt es schön sanft!

Und nun zum Chor – dem Chor der „Freunde der Erde“:
Ihr seid besonders wichtig, weil ihr dem Musical eine eigene Farbe (oder Note!) gebt! (Habt ihr schon mal ein Musical ohne Chor gesehen?)

Was für die Schauspieler gilt, ist auch für euch wichtig:
- die Lieder – am besten von einer CD – immer wieder hören, bis ihr Melodie und Text auswendig(!) singen könnt!
- Ihr seid EIN Chor, das bedeutet, das alle gleich laut und kräftig singen, keiner darf als „Solist“ zu hören sein.
- Und alles gemeinsam tun: Gemeinsam anfangen, gemeinsam aufhören (vor allem bei Worten mit „t“), gemeinsam kräftig und gemeinsam sanft singen – eben als „EIN CHOR“!

Viel Spaß dabei!

**Jetzt haben wir schon fast alles fertig für unsere Premiere. Fehlt nur das Licht!**

# Die Beleuchtung

**Die Zuschauer sollen ja was sehen können. Und dafür gibt es auch einen Menschen – den Beleuchter oder die Beleuchterin.**

**Das ist Alice. Alice – sie heißt mit Nachnamen Grümmer – macht immer das Licht an und auch wieder aus: bei Rock-Konzerten, in Theatern, auf Bühnen – eigentlich überall, wo man etwas sehen will. Übrigens, Beleuchterinnen haben keinen wichtigen Satz. Die sind eher stumm. Die machen eben das Licht an und aus. Aber wie?**

**Das erklärt uns jetzt die Alice:**

Bei einem Musical ist Licht natürlich besonders wichtig.
Für unser Musical brauchen wir verschiedene Licht-Stimmungen:
- Wir brauchen „volles Licht“ auf der Bühne – immer dann, wenn die Stromfresser wieder alles angemacht haben.

- Wir brauchen eine „Nachtstimmung", wenn Paul und Paula ins Bett gehen oder Eisbär und Pinguin ein Nickerchen machen.
- Wir brauchen einen Fernseher mit einem Fernsehbild.
- Wir brauchen einen Kühlschrank, der von innen beleuchtet ist.
- Wir brauchen vor der Bühne etwas Licht für die ersten Szenen.
- Und wir brauchen natürlich – am besten bunt flackernde und leuchtende – Stromfresser.

Normalerweise werden dann alle Scheinwerfer mit einem Mischpult verbunden, bei dem man die verschiedenen Scheinwerfer an und aus oder dunkel und hell machen kann. Wenn man kein Mischpult hat, geht es auch mit „Licht-Technikern", das können Mitschüler von euch sein, die genau wissen, wann sie welchen Scheinwerfer in die Steckdose stecken und wann sie ihn wieder ausschalten müssen.
Dafür schreibt man dann einen genauen Lichtplan (oder auch Lichtregie), und jeder weiß dann genau Bescheid.

Buntes Licht bekommt man übrigens, wenn man farbige Folie (bekommt man in Musikfachgeschäften) vor die Scheinwerfer klebt!
Aber wichtig: Es muss Scheinwerfer-Folie sein, sonst kann sie bei der Hitze auch anfangen zu brennen!

**Jetzt ist alles perfekt! Müssen nur noch genügend Besucher kommen.
Und wie macht man es, dass viele Besucher kommen?**

# Das Marketing - die Werbung

**Auch dafür gibt es Profis – Ute zum Beispiel.**

**Die Ute – die heißt mit Nachnamen auch Horn, so wie der Reinhard, weil die beiden verheiratet sind – leitet einen Verlag und organisiert viele Veranstaltungen. Und auch die hat einen wichtigen Satz:
„Ich telefoniere gerade! Ich kann jetzt nicht!".
Sie telefoniert so viel, weil sie so viele Veranstaltungen und Konzerte vorbereitet.
Und deswegen weiß die sehr gut Bescheid:**

Der schönste Plakatspruch bei einer Aufführung heißt:
„AUSVERKAUFT"

Damit man „AUSVERKAUFT" sagen kann und das vielleicht auch zwei oder drei Mal, brauchen wir am besten ein kleines Team von Menschen, die sich nur um das Marketing – also die Veranstaltungsorganisation – kümmern.

**Was ist das genau?**

Also, das Wichtigste ist erst mal der Termin:
Gut, wenn dann nichts anderes Dolles los ist, also kein Stadtfest, keine Fußballweltmeisterschaft oder Tokio Hotel in eurer Stadt.

Wenn ihr also einen guten Termin habt, dann geht's los:

- Plakate gestalten und kopieren! Viele – nicht damit sparen!
- Plakate aufhängen: in Geschäften, in Schulen, … eben überall dort, wo viele Menschen hinkommen.
- Flyer (das sind Handzettel) kopieren und verteilen!
  Allen Menschen kleine Flyer in die Hand drücken – auch das ist wichtig – viele sind so vergesslich, die brauchen das als kleine Erinnerung.
- Dann geht ihr zu den Zeitungen in eurer Stadt und sprecht mit der Redaktion der Zeitung. Die sollen einen Bericht schreiben und am besten ein FOTO von einer Probe machen. (Alter Zeitungstrick: Ein Foto sagt mehr als 1000 Worte!)
- Jeder aus eurer Klasse oder aus eurer Gruppe verkauft mindestens fünf Eintrittskarten – dann habt ihr schon mal einen ersten Schritt zum „AUSVERKAUFT" getan!
- Dann ladet ihr „Promis" eurer Stadt ein – den Bürgermeister, die Pastoren, Politiker (dann kommt die Presse meistens noch lieber) … aber auch andere Schulen, Gruppen, Lehrerinnen, Lehrer und und und – eben alle, die euch so einfallen.
- Bei der Gelegenheit könnt ihr auch bei Geschäften und Sparkassen nachfragen, ob die nicht eure Sponsoren (Spenden- und Geldgeber) werden wollen – dann kommen die mit auf das Plakat und auf den Handzettel. Da haben dann beide Seiten was davon.
- Und dann bestellt ihr für die Generalprobe (das ist die letzte Probe vor der Aufführung, wenn schon alles super läuft) eine Person, die gut fotografieren kann, und lasst von der Generalprobe Fotos machen: von allen Szenen und allen Mitwirkenden – das ist eine gute und schöne Erinnerung.
- Und natürlich ladet ihr dann die Presse, vielleicht sogar Hörfunk und Fernsehen zu eurer Premiere ein.
- Ach ja, und nicht vergessen der Presse kurz vorher noch mitzuteilen:
  **„Es ist AUSVERKAUFT"**

# Prof. Dr. Pings Universal-Lexikon

# A

**Ampere**

Der gehört zu den drei Stromeinheiten: Ampere, Volt und Watt

Und Ampere ist die **Stromstärke** – erfunden hat das ein Franzose, *André Marie Ampère*.

Die Stromstärke gibt an, wie kräftig der Strom fließt – zum Beispiel bei einer Zimmerbeleuchtung 0,1 Ampere, bei einem Staubsauger 5 Ampere, bei einer Elektrolokomotive kann man über 300 Ampere messen, und ein Blitz (aus heiterem oder dunklem Himmel) erreicht bis eine Million Ampere!

> *siehe auch unter* **Strom**

**Antarktis**

Die Antarktis ist der größte Süßwasserspeicher der Erde. 90 % des Eises auf der Erde liegt in der Antarktis.

Zudem ist es in der Antarktis auch ziemlich kalt – im Durchschnitt rund -55° Celsius.

Die Wissenschaftler beobachten, dass im Moment immer mehr Eis abbricht – 2002 ist eine Eisfläche so groß wie das Saarland abgebrochen.

> *siehe auch unter* **Pol**
> *siehe auch unter* **Nordpol**
> *siehe auch unter* **Südpol**

# B

**BUND**

Das ist der **Bund für Umwelt und Naturschutz in Deutschland**. Er kümmert sich um die Natur und die Umwelt!

*www.bund.net*

Und für euch gibt es die **BUNDjugend**:

*www.bundjugend.de*

Es gibt natürlich auch noch:

**Greenpeace:**
*www.greenpeace.de*
**German Watch:**
*www.germanwatch.org*
**Naturschutzbund:**
*www.nabu.de*
**World Wide Fund for Nature:**
*www.wwf.de*
Und und und …

Und alle haben ein Ziel: unsere Erde mit ihren vielen Tier- und Pflanzenarten zu schützen.
Schau doch mal auf deren Seiten im Internet!

> *siehe auch unter* **Freunde der Erde**

# C

**$CO_2$**

$CO_2$ ist ein Gas und besteht aus drei Teilen:

Ein Teil **Kohlenstoff** – das ist das **C** … und **Sauerstoff** – das ist das **O**.

Und weil es davon zwei Teile gibt, heißt es **$O_2$**, oder auch Dioxid.

Zusammen müsste es eigentlich Kohlenstoffdioxid heißen, meist sagt man aber nur **Kohlendioxid** – ist kürzer.

Noch kürzer ist $CO_2$ – das gebrauche ich jetzt immer.

$CO_2$ ist nur in einer ganz kleinen Menge in der Lufthülle unserer Erde enthalten – sagen wir mal soviel wie ein Eierbecher in einer ganzen Badewanne voller Wasser – also eher wenig!

Aber das reicht, um es auf der Erde angenehm warm zu machen, denn nicht alles, was die Sonne warm gemacht hat, geht wieder zurück in das Weltall.

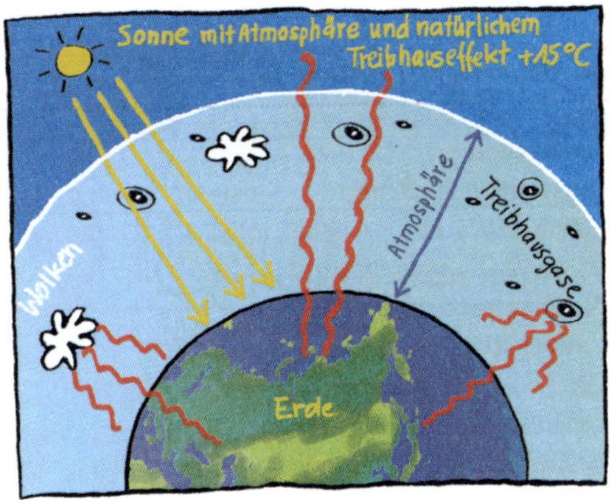


Das $CO_2$ macht also aus der Lufthülle um unsre Erde so 'ne Art Gewächshaus – kennt ihr sicherlich vom Gärtner oder aus eurem eigenen Garten. Da ist es drinnen immer wärmer als draußen – eben ein Treibhaus!
$CO_2$ riecht man nicht und sieht man nicht. Und je mehr $CO_2$ in der Lufthülle ist, desto wärmer wird es auf der Erde. Klar!
*Und wie wird das $CO_2$ mehr?*
Indem man Kohle, Öl, Gas, Benzin verbrennt. Dabei entsteht immer $CO_2$ – also beim Autofahren, beim Heizen, beim Flugzeug fliegen.
*Und wenn ich nun das Licht anmache oder Fernsehen gucke – dann verbrenne ich doch nichts?*
Stimmt, denn aus Lampe und Fernseher kommt kein $CO_2$. Aber wir brauchen ja für den Strom Kraftwerke – und viele Kraftwerke verbrennen Kohle – und die erzeugen $CO_2$, und nicht so wenig!
*Wie viel genau?*
Also, dann stellen wir uns mal die gesamte Menge $CO_2$ vor, die in Deutschland von Autos, Kraftwerken und Heizungen in die Luft geblasen wird – das sind 850 Millionen Tonnen $CO_2$ – kann man sich gar nicht vorstellen!
Machen wir es dann mal so:
In Deutschland leben zur Zeit rund 82,5 Millionen Menschen. Wenn wir jetzt die 850 Millionen gerecht auf alle – auf Babys und auf Omas und Opas – verteilen, dann bekommt jeder mehr als 10 Tonnen pro Jahr.
Gerecht ist das nicht! 10 Tonnen sind viel zuviel – 2 Tonnen pro Nase wären okay!
Kann man sich auch schwer vorstellen.
Okay, dann sind es pro Tag 27 Kilogramm $CO_2$.
Das ist schon 'ne Menge.
Und um sich die 10 Tonnen noch anders vorzustellen: Bauen wir also einen Swimming-Pool – der ist 2 m tief, 25 m breit … und! … 100 m lang – da passen dann 10 Tonnen $CO_2$ rein – in Luftform.
> *siehe auch unter* **Kraftwerk**

# D

# E

## Eisbär

Eisbär Lothar ist ja mein bester Freund. Und in der Sprache der Tierforscher heißt er *Ursus maritimus*! Das klingt richtig wichtig!
Er lebt vor allem in der Arktis und wandert um das Polargebiet herum.
Er kann bis zu 3 m lang werden und über 500 kg schwer. Damit gehört er zu den größten Bären auf der Erde, obwohl sein Stummelschwanz ziemlich klein ausfällt – nur 7 bis 13 cm! *(Das findet er übrigens gar nicht so witzig, wenn man sich über seinen Stummelschwanz lustig macht!)*

Das Fell ist weiß – o.k.!
Seine Haut aber ist schwarz – wahrscheinlich wegen der Wärmespeicherung der Sonne!
*Was ist noch wichtig?*
Ah ja, 42 Zähne, an den Vordertatzen hat er Schwimmhäute *(wegen des Schwimmens)*, und seine Fußsohlen haben Haare, so 'ne Art Spikes, damit er auf dem Eis nicht ausrutscht.
Er ernährt sich am liebsten von Robben, ist ein exzellenter Schwimmer *(kommt wahrscheinlich schon mit „Seepferdchen" auf die Welt)*.
Der Eisbär ist im Moment sehr vom Aussterben bedroht.
Dafür gibt's zwei Gründe: Zum einen fördern die Menschen in der Arktis immer mehr Erdöl und Erdgas – also genau da, wo die Eisbären leben – das finden die nicht so toll!
Zum andern schmilzt das Polareis immer mehr wegen der Klimaerwärmung. Dadurch findet der Eisbär immer schwerer etwas zu essen. *(Deswegen haben wir uns ja getroffen!)*

*Warum hält der Eisbär beim Robbenfang seine Pranke vor die Nase?*
Ganz einfach, damit die Robben nicht seine schwarze Nase sehen und er sich besser tarnen kann! Gar nicht dumm, Eisbär!
Ach ja, und schließlich:
Eisbären sind Linkshänder!!
>*siehe auch unter* **Klimaerwärmung**
>*siehe auch unter* **Eisscholle**
>*siehe auch unter* **Pol**

## Eisscholle

Also Eisschollen sind keine gefrorenen Fische, sondern wenn von einer geschlossenen Eisfläche etwas Eis abbricht, ist das eine Eisscholle. Und das Abbrechen kann z.B. durch Erwärmung passieren.
Man sagt übrigens auch Eisscholle, wenn das eher aussieht wie ein Eisberg *(Die „Titanic" ist ja mit so einem Eisberg zusammengestoßen!)*.
Der größte Eisberg, der je beobachtet werden konnte, wurde 1956 in der Antarktis gesichtet. Er hatte eine Länge von 335 km und eine Breite von 97 km.
Also so lang wie von Hamburg nach Dortmund, oder von Berlin bis Bielefeld, oder von München bis Würzburg, oder von Stuttgart bis Köln oder von …
> *siehe auch unter* **Antarktis**

## Elektrischer Strom

> *siehe auch unter* **Strom**

## Elektrogerät

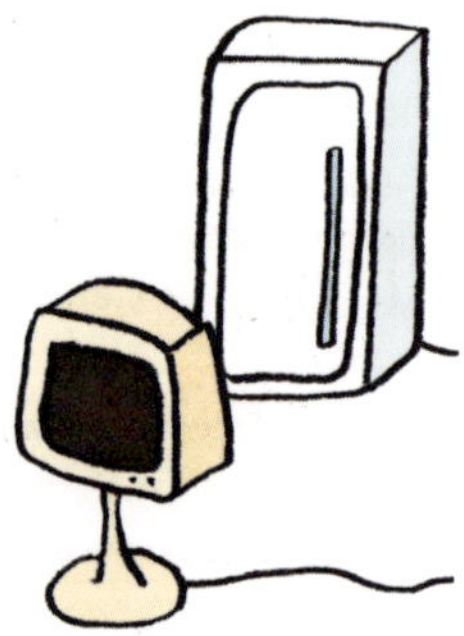

Kennt ihr von zu Hause – das sind Geräte, die Strom brauchen, sonst kann man mit denen nichts anfangen.
Man kann die Elektrogeräte unterscheiden – früher hat man sie unterschieden zwischen „Weißer Ware" und „Brauner Ware". *Warum?*
„Weiße Ware" waren alles Geräte, die „weiß" waren: Elektroherd, Waschmaschine und so weiter.

„Braune Ware" waren dann alle anderen Geräte, vor allem Fernsehgeräte, Radios und Musikanlagen.

Es gibt große Elektrogeräte *(Kühlschrank, Elektroherd, Waschmaschine, Spülmaschine und Wäschetrockner)* und kleine Elektrogeräte *(Toaster, Haartrockner, Mikrowellenherd und Kaffeemaschine, aber auch Rasierer, Mixer und Staubsauger)*.
Viele Geräte besitzen eine Stand-by-Funktion, damit man immer und zu jeder Zeit das Gerät bedienen kann.
Wenn ihr Lust habt, findet ihr unter – *www.bund.net/klimaschutz* – Ideen zum Stromsparen!
> *siehe auch unter* **Energiesparlampe**
> *siehe auch unter* **Stand-by**

### Emission

Emissionen sind das, was man so in die Luft pustet – beim Heizen, in Kraftwerken, bei Autos und Flugzeugen.
Und meistens ist es ja $CO_2$.
Wollt ihr wissen, wie das so mit den verschiedenen Verkehrsmitteln ist?

**Also gut:**
- *zu Fuß* – so gut wie nichts
- *mit dem Fahrrad* – auch so gut wie nichts
- *mit der Bahn (eine Fahrt zu Oma und Opa, ca. 100 km)* – ca. 20 kg $CO_2$
- *mit dem Auto (die gleiche Fahrt zu Oma und Opa, ca.100 km)* – 34 kg $CO_2$

**Oder zum Beispiel bei Urlaubsreisen:**
- *mit der Bahn an die Nordsee (ab Frankfurt)* – ca. 90 kg $CO_2$
- *mit dem Auto nach Italien (Frankfurt – Adria)* – ca. 340 kg $CO_2$
- *mit dem Flugzeug nach Mallorca (wieder ab Frankfurt)* – ca. 700 kg $CO_2$
- *mit dem Flugzeug nach Australien (na klar, wieder ab Frankfurt)* – ca. 12.320 kg $CO_2$

> *siehe auch unter* **$CO_2$**

### Energie

Das ist ein total wichtiger Begriff. Er meint, dass wir irgendeine Arbeit verrichten können – mit und durch Energie.
Also zum Beispiel eine Klassenarbeit schreiben ist auch so eine Art „Energie-Leistung" – oder mit dem Fahrrad fahren, oder etwas Schweres heben, oder etwas kochen – für alles brauchen wir Energie.
Energie ist überall da, obwohl wir sie nicht sehen, hören, schmecken, riechen oder fühlen können. Ist schon spannend!
Für unseren Strombedarf und zum Heizen brauchen wir verschiedene Arten von Energie-Trägern: **Fossile Energie-Träger** – das sind Dinge, die man ganz einfach verbrennen kann, einmal – und weg sind sie! Also: Kohle, Gas, Öl.
Dann gibt es **Uran** – das braucht man für Atomkraftwerke. Ist aber sehr gefährlich.
In Tschernobyl in der Ukraine ist 1986 ein Atomkraftwerk explodiert. Zehntausende Menschen starben, weil die giftigen radioaktiven Teilchen die ganze Umgebung und Teile Europas verseucht haben. Und der radioaktive Abfall muss eine Million Jahre unter Verschluss gehalten werden – ist eben sehr

gefährlich, und bis heute weiß man noch nicht so richtig, wohin damit!

**Also: Lieber Finger weg von der Atomkraft!**

Und schließlich gibt es die **Erneuerbaren Energien** – die können wir immer und immer wieder gebrauchen, ohne dass sie weniger werden.

Das sind: **Wasser, Wind, Sonne, Biomasse und Erdwärme!**

> *siehe auch unter* **Erneuerbare Energie**

## Energiedetektiv

Energiedetektive sind echte **Spürnasen**!

Sie sind im Haus und in der Wohnung auf der Suche nach Elektrogeräten, die unnötig Strom verschwenden – z.B. durch Stand-by – das nennen die Fachleute „Leerlaufverlust".

Hier mal einige Beispiele, was das kosten kann:

**Durchschnittliche Jahreskosten der Leerlaufverluste in einem Privathaushalt:**

| Gerät | kWh/Jahr | €/Jahr |
|---|---|---|
| Stereoanlage | 42,6 | 8,10 |
| 2 Radiorecorder | 19,0 | 3,60 |
| Fernseher | 28,5 | 5,40 |
| Lautsprechersystem | 54,1 | 10,30 |
| Videorecorder | 35,3 | 6,70 |
| DVD-Gerät | 30,3 | 5,80 |
| Spielkonsole | 13,5 | 2,60 |
| Schnurlos-Telefon | 17,2 | 3,30 |
| Anrufbeantworter | 21,8 | 4,10 |
| PC | 38,2 | 7,30 |
| Monitor | 18,2 | 3,50 |
| Tintenstrahldrucker | 23,6 | 4,50 |
| DSL-Modem | 19,5 | 3,70 |
| Mikrowellengerät | 26,1 | 5,00 |
| Kaffee-Automat | 62,9 | 11,90 |
| Waschmaschine | 15,1 | 2,90 |
| **Summe** | **465,9** | **87,70** |

Für einen durchschnittlichen Haushalt (4 Personen) mit einem Jahresverbrauch von 1.850 kWh bedeuten diese Leerlaufverluste etwa 20 % der Jahres-Stromkosten!

Enegiedetektiv ist übrigens eine Super-Aufgabe für Kinder – das könnt ihr wunderbar bei euch zu Hause oder in eurer Schule sein.

Übrigens, die Stadtwerke verleihen Strommessgeräte, mit deren Hilfe ihr dann den Stromverbrauch eines Elektrogerätes ermitteln könnt.

Und es gibt sogar eine eigene Homepage für alle „Detektive": *www.energiedetektiv.info*

> *siehe auch unter* **Stand-by**

## Energiesparlampe

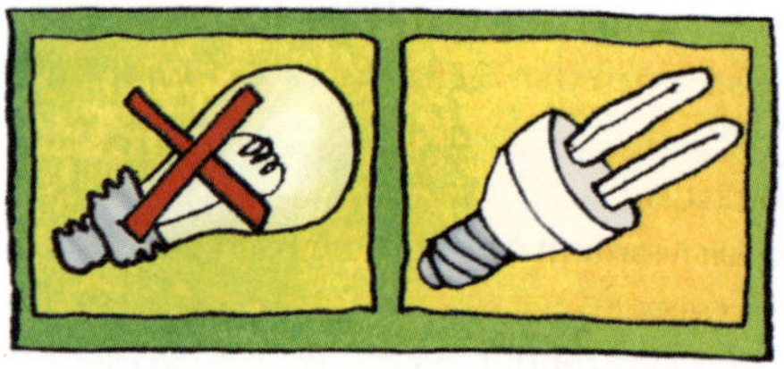

Wie der Name schon sagt: spart Energie – also Energie kann man ja eigentlich nicht sparen, man spart eher Strom, und deswegen spart man $CO_2$ – und das ist gut für das Klima! Außerdem spart man eine Menge Geld!

Also: Eine 11-Watt-Energiesparlampe ist genauso hell wie eine 60-Watt-Glühbirne – braucht aber nur $^1/_5$ oder 20 % des Stroms einer Glühbirne. Sie hält auch viel länger – nämlich so lange wie 8 Glühlampen!

Daher: Energiesparlampen lohnen sich für alle!

*Für die Umwelt* – weniger $CO_2$.

*Für eure Eltern* – weniger Geld ausgeben.

Alles Super!

Achtung! Energiesparlampen sind giftig *(von innen, da ist ein wenig Quecksilber drin)*!

Daher: Nicht kaputt machen und nicht in den Restmüll, sondern beim Wertstoffhof abgeben! Danke!

> *siehe auch unter* **$CO_2$**
> *siehe auch unter* **Klima**

## Erderwärmung

Die Erde wird mal wärmer und mal wird sie kälter – das ist normal, dauert aber immer ziemlich lange, also mehrere 1000 Jahre. So wechseln sich dann „Eiszeiten“ und „Warmzeiten“ ab – das kennt die Erde, das weiß sie und damit ist sie gut zufrieden!
Aber im Moment heizt der Mensch der Erde kräftig ein.
Und das kommt durch das $CO_2$. Und je mehr $CO_2$ in der Luft ist, um so wärmer wird es.
Und das $CO_2$ wird deswegen mehr, weil wir Menschen viel verbrennen – in Kraftwerken für Strom, in Heizungen, in Autos und in Flugzeugen – überall entsteht $CO_2$.
Und deswegen steigt die Temperatur auf der Erde.
Es ist schon wärmer geworden: 0,7 Grad in den letzten 100 Jahren auf der ganzen Erde, 1 Grad bei uns in Deutschland und in der Arktis sogar um 3 Grad, deswegen schmelzen ja auch dort die Gletscher.
0,7 Grad – klingt nicht nach viel – ist aber schon ziemlich dolle, weil unser Wetter und Klima sich verändern!
Und Experten – also Klimaforscher – sagen, mehr als 2 ° Temperaturanstieg wäre gar nicht gut für uns und die Erde.
*Was dann passieren kann?*
Wir können ja schon heute einiges beobachten: die Gletscher schmelzen, die Stürme werden heftiger (wie z.B. in New Orleans), die Meere steigen an und bedrohen die Küste – Inseln werden überschwemmt.
In einigen Teilen der Erde wird es viel mehr regnen und in anderen Teilen wird es immer trockener werden.
Also: Wir alle müssen dringend was tun!
> *siehe auch unter* **$CO_2$**
> *siehe auch unter* **Klima**
> *siehe auch unter* **Treibhauseffekt**

## Erneuerbare Energie

Das ist Energie, die aus **Wind, Wasser, Sonne, Biomasse und Erdwärme** zum Heizen und für Strom gebraucht wird.

Jedes Jahr liefert uns die Sonne 10.000 mal mehr Energie als wir auf der ganzen Erde brauchen – und die Sonne soll noch eine Lebensdauer von ca. 4,5 Milliarden Jahren haben – das müsste eigentlich reichen!
Also anders als z.B. beim Verbrennen von Benzin beim Auto, dann ist irgendwann der Tank leer und eure Eltern müssen wieder tanken.
**Erneuerbare Energie ist ungefährlich und vor allem: produziert kein $CO_2$!**
> *siehe auch unter* **$CO_2$**
> *siehe auch unter* **Energie**

## Es geht auch anders!

> *siehe auch unter* **Erneuerbare Energie**

# F

**Freunde der Erde – Friends of the Earth**

Können also eigentlich alle sein, ist aber sowas wie ein Verein – kennt ihr auch: Sportverein, Musikverein und und und …
Und **Freunde der Erde** ist eben ein Verein, der sich um die Erde kümmert.
Ziemlich gute Idee, und deswegen machen auch ganz viele Länder mit auf der ganzen Welt.
Aus Deutschland macht der **BUND** *(Bund für Umwelt und Naturschutz Deutschland)* mit.
Auch ziemlich gut!
Und die Chefs von **Friends of the Earth** sitzen in Amsterdam, das liegt in den Niederlanden.
Chef oder Chefin ist man immer für zwei Jahre – dann wird wieder neu gewählt.
Die haben auch 'ne Homepage: *www.foei.org*
> *siehe auch unter* **BUND**

# G

**Gletscher**

Ihr kennt ja vielleicht Gletscher-Eis?
Oder Gletscher-Eis-Bonbons?
Okay, dann wisst ihr, bei Gletschern handelt es sich um EIS.
Zum Beispiel in den Alpen, da gibt es Gletscher, die sind immer zugefroren – egal ob im Sommer oder im Winter.
Und am Nordpol oder auch am Südpol gibt es auch **Ewiges Eis** – eben Gletscher. Zum Beispiel um Grönland *(das liegt am Nordpol)* gibt es eine Eisfläche, die ist so groß wie China – aber eben zugefroren und immer aus Eis.
*Und wofür brauchen wir die Gletscher?*
Also in den Alpen sind es riesige Wasservorräte, außerdem schützen sie die Alpen vor Lawinen und Erdrutschen.

*Und am Nordpol brauchen wir sie. Warum?*
Ganz einfach: Eis ist weiß – richtig.
Und das kennt ihr von euren Sommer-Klamotten – sind meistens auch weiß oder hell und nicht schwarz und dunkel. *Warum?* Weil sie das Sonnenlicht dahin zurückschicken, woher es kommt – zur Sonne.
Das nennt man *reflektieren*.
Schwarz zieht nämlich die Sonne an – da wird dann alles wärmer.
Und da das Eis um den Nordpol herum weiß ist – *bis auf die Nasen der Eisbären, die sind schwarz (s. auch unter Eisbär)* – schicken die Gletscher die Sonnenstrahlen zurück und sorgen dafür, dass es nicht zu warm wird auf der Erde.
Cool!

Und wenn die Erderwärmung so weitergeht, werden die Gletscher am Nordpol im Sommer vollkommen abgeschmolzen sein, wenn ihr so alt seid, wie heute eure Oma oder euer Opa.
Und für die Eisbären, die ja auf dem Eis leben, ist das ganz schlimm. Wenn das Eis schmilzt, verhungern sie, weil sie dann ja keine Robben mehr jagen können.
Und wenn die Gletscher schmelzen, steigt außerdem das Meer immer höher *(ungefähr einen halben Meter in diesem Jahrhundert)*. Viele flache Südseeinseln werden überschwemmt und die Bewohner müssen auswandern.
Ziemlich uncool!
> *siehe auch unter* **Erderwärmung**

# H

**Heizung**
Heizen muss man – ist klar, denn frieren ist nicht gesund.
Also: Heizung volle Pulle aufdrehen, Fenster und Türen zulassen und warten … irgendwann wird's zu warm – also: Fenster und Türen auf und Luft rein. Wird dann zwar kühler, aber die Heizung heizt weiter.
Auch nicht gut.
*Wie macht man das richtig?*
Richtig lüften! Das spart Energie!

Also nur kurzes „Stoßlüften" – 5 Minuten alle Fenster auf, währenddessen die Heizung abdrehen, und wenn genug frische Luft drin ist, dann wieder Fenster zu und Heizung andrehen.
Klingt einfach, ist auch einfach.
Und die Temperatur in eurem Zimmer muss auch nicht 25 Grad sein – 18 bis 21 Grad reicht auch – man muss nicht im T-Shirt am Schreibtisch sitzen.

Und dann noch was für eure Eltern:
Häuser sind im Winter wie Menschen – gut einpacken, dann bleibt es schön warm. Bei den Menschen geht das mit Schal und Pullover und Mantel, bei den Häusern mit Isolierung.
Klingt auch einfach, ist es aber nicht so ganz, weil das kostet erst mal Geld, bevor man es dann wieder einsparen kann.
Am besten: Eure Eltern erkundigen sich, wo sie Geld für die Isolierung bekommen, z.B. unter *www.energiefoerderung.info.*

# I

# J

# K

## Klima

Mit dem Klima ist es so ähnlich wie bei euch zu Hause – wenn ihr sagt, das Klima in eurer Familie ist prima, dann heißt das: Eigentlich alles in Ordnung zu Hause, alle sind gut drauf, auch wenn mal der eine oder die andere schlechte Laune hat.
So ist das auch mit dem Wetter.
Klima meint nicht das gerade aktuelle Wetter – also ob es schneit, regnet oder die Sonne scheint – sondern wie es so im Durchschnitt ist.
Also bei uns in Deutschland kann man sagen: Die Sommer sind eigentlich warm, so um 20 Grad mit 'nem bisschen Regen. Und die Winter sind nicht zu kalt, so um 0 bis 5 Grad, in den Bergen kann es dann schon schneien.
Das ist also unser Klima.
Prima!
> *siehe auch unter* **Wetter**

## Klimaerwärmung

Dass sich das Klima mal erwärmt und mal wieder abkühlt, ist eigentlich normal – so auf lange Zeit gesehen – auf 20.000 bis 100.000 Jahre. Das macht unsere Erde ganz von alleine.
Aber an der Erwärmung, die die Wissenschaftler in den letzten 100 Jahren festgestellt haben, ist vor allem der Mensch beteiligt.
Durch Verbrennen, Heizen, Auto fahren, Kraftwerke, Flugzeuge und und und …
Die Forscher haben eine Erwärmung um ein Grad gemessen.
Klingt nicht viel – ist es aber, weil das so schnell geschieht *(100 Jahre sind für die Erde wie eine Sekunde für den Menschen)*.
Nicht so toll, weil die Gletscher und der Nordpol schmelzen, die Meere ansteigen und stärkere Stürme und Gewitter kommen. Es gibt hier mehr Niederschläge – woanders aber große Trockenheit und und und …
Nicht so toll!
Und die Wissenschaftler haben ausgerechnet, dass unser Klima noch wärmer werden kann – bis zum Jahr 2100 *(das ist gar nicht mehr so lange)* zwischen 1,8 Grad und 4 Grad.
Das kann dann ziemlich warm werden für die Erde!

Und was macht man, wenn man Fieber hat? Richtig: ab ins Bett, kalte Wadenwickel und vor allem „RUHE"!
Braucht die Erde auch – kalte Wadenwickel und „RUHE".
> *siehe auch unter* **$CO_2$**
> *siehe auch unter* **Erderwärmung**
> *siehe auch unter* **Klima**
> *siehe auch unter* **Treibhauseffekt**

## Kilowattstunde

Damit misst man den Stromverbrauch.
Also: **Kilo** – das kennt ihr von eurem eigenen Gewicht, meint aber nur eine Maßeinheit, also 1000 mal von irgendwas.
Bei Kilogramm: also 1000 mal 1 Gramm.

Bei Kilowatt: also 1000 mal 1 Watt.
Und **Stunde** ist auch klar – ist die Zeit *(60 Minuten, 3600 Sekunden)* – ist ja klar.
Also meint 1 Kilowattstunde: 1000 Watt Strom in einer Stunde verbraucht. Super!
Aber eigentlich können wir den Strom gar nicht verbrauchen.
Vielmehr arbeitet er für uns, wenn er sich durch die Leitungen bewegt. Er bringt eine Lampe zum Leuchten, einen Fön zum Pusten und ein Radio zum Laufen, wenn er von Plus nach Minus fließt. Und diese Leistung misst man in Watt.
*Und wie kann ich das ausrechnen?*
Also zum Beispiel – ihr habt eine 100-Watt-Lampe in eurem Zimmer.
Brennt die 100-Watt-Lampe eine Stunde lang, dann habt ihr 100-Wattstunden verbraucht – oder 0,1 kWh. Brennt die Lampe 10 Stunden, dann habt ihr eine Kilowattstunde (1 kWh) verbraucht.
*Was kann man sonst so mit einer Kilowattstunde machen?*

Mit einer Kilowattstunde kann man 15 Hemden bügeln, ein Mittagessen für vier Personen kochen oder sieben bis zwölf Stunden lang fernsehen.
Und das kostet dann ungefährt 20 Cent!!
> *siehe auch unter* **Strom**
> *siehe auch unter* **Watt**

**Kraftwerk**
Kraftwerke – die stellen den Strom her.
Da gibt es riesengroße Generatoren, das sind große Trommeln, die sich drehen können.
Nun müssen da nicht die Arbeiter die Trommel per Hand drehen, sondern das macht man mit Dampf. Und den Dampf bekommt man, indem man z.B. ganz viel Kohle verbrennt.

Na klar, in einem Ofen, aber der Ofen im Kraftwerk ist riesengroß, so groß wie ein Hochhaus. Und jeden Tag verbraucht der Ofen 400 Eisenbahnwaggons mit Kohle, und in jedem Waggon sind 100 Tonnen Kohle – das ist schon eine Riesenmenge.
Das Auto eurer Eltern ist auch so ein kleines Kraftwerk. Im Motor wird das Benzin verbrannt, das eure Eltern immer tanken.

Und weil bei dem Verbrennen von so viel Kohle oder Benzin so viel $CO_2$ entseht – das ist ja gar nicht gut für unser Klima – haben sich schlaue Menschen Gedanken gemacht, wie man auch anders Strom erzeugen kann:

Einige finden *Atomkraftwerke* toll. Die sind aber ziemlich gefährlich. Das haben wir ja in Tschernobyl gesehen, wo so ein Atomkraftwerk explodiert ist.

Dann gibt es noch *Windkraftanlagen* – kennt ihr. Die stehen auf den Feldern und immer wenn Wind ist, drehen sie sich. Und durch das Drehen können die Strom herstellen.

Und *Wasserkraftanlagen* – da macht das Wasser dann die ganze Arbeit.

Und dann gibt es noch *Photovoltaikanlagen* – habt ihr sicher auch schon mal gesehen – das sind diese gläsernen, schwarzen Platten auf Dächern.

Das tolle daran: die können Strom ohne Umweg über Dampf und Generator erzeugen. Der Strom entsteht direkt in der Solarzelle.

Gibt sogar Solarzellen als Ladegerät von Handys – ziemlich praktisch!

Das macht keinen Dreck und Sonne kostet – im Moment jedenfalls – noch nichts.

> *siehe auch unter* **Strom**

> *siehe auch unter* **Energie**

> *siehe auch unter* **Photovoltaikanlage**

## Kühlschrank

Kennt ihr alle, habt ihr alle.

Hat ein deutscher Wissenschaftler erfunden – *Carl von Linde,* und zwar 1876.

Gibt's also schon ziemlich lange.

*Wie funktioniert nun so ein Kühlschrank?*

Ganz einfach, aus dem Inneren des Kühlschranks wird die Wärme abgezogen und nach außen abgegeben – deswegen ist der Kühlschrank meistens hinten auch warm.

Dafür braucht der Kühlschrank Strom – sehr viel Strom.

Und damit man beim Kauf eines neuen Kühlschranks sehen kann, wie viel Strom er verbraucht, gibt es Buchstaben am Kühlschrank – Von G *(ganz viel Strom, rote Farbe)* bis A++ *(wie astrein!)* – das ist ziemlich gut!

Also, nehmen wir an, wir haben zwei gleich große Kühlschränke.

Der eine hat den Buchstaben A, der andere den Buchstaben A++.

A verbraucht 196 kWh im Jahr, und A++ verbraucht nur 84 kWh.

*Was macht das in Euro?*

Für A zahlt man 39,20 €, für A++ 16,80 € – also spart man 22,40 € im Jahr – dafür kann man sich mehrere Eis kaufen! Super!

Also: Lohnt sich und ist gut für die Umwelt!

# L

## Lebensmittel

Lebensmittel kauft man im Supermarkt, auf dem Wochenmarkt oder direkt beim Bauern. Gehen wir mal in den Supermarkt.
*Woher kommt eigentlich das ganze Obst und Gemüse?*
Steht immer auf dem Schild – Tomaten aus Spanien, Butter aus Irland, Äpfel aus Chile und und und …
*Und wie kommt das hierher?*
Richtig, mit dem Schiff, mit dem LKW oder mit dem Flugzeug.
Und dieser Transport produziert $CO_2$ – richtig, haben wir schon gehört, ist nicht gut für die Erde und für das Klima.
Nehmen wir mal die Tomaten aus Spanien: die erzeugen 12 mal so viel $CO_2$ wie Tomaten aus eurer Region.
Oder Weintrauben aus Argentinien, da wird 50 mal so viel $CO_2$ in die Luft gepustet, wie bei Weintrauben aus eurer Region oder aus Südtirol.
**Also: Beim Einkaufen darauf achten, wo Obst und Gemüse herkommen, und wenn es geht möglichst Obst und Gemüse aus eurer Region kaufen.**
Macht ja Sinn!
> *siehe auch unter* **$CO_2$**

# M

# N

## Nordpol

Der Nordpol ist der nördlichste Punkt der Erde – auf der gegenüber liegenden Seite ist der Südpol – der südlichste Punkt der Erde.
Die korrekte Bezeichnung lautet: 90 ° Nord.
Am Nordpol gibt es kein Festland, nur Eis und Wasser – das Meer ist hier ziemlich tief, nämlich 4.087 m.
Und wenn man direkt auf dem Nordpol steht und nach oben schaut, dann sieht man den Polarstern – der steht genau über dem Nordpol.
Außerdem geht die Sonne vom 21. März bis zum 21. September nicht unter – ist also immer taghell da. Und im Winter gibt es mehrere Monate nur Nacht – die Polarnacht.
Und der Wind weht am Nordpol immer aus Richtung Süden – klar geht ja auch nicht anders.
Entdeckt haben den Nordpol zwei US-amerikanische Forscher 1909: *Robert Edwin Peary* und *Matthew Henson.*
Und der erste Mensch, der den Pol zu Fuß erreichte, war 1969 der Schotte *Sir Wally Herbert.*
> *siehe auch unter* **Südpol**

# O

# P

**Pinguin**

Also, das bin ich – gestatten Dr. Ping – ich bin ein echter Kaiserpinguin, lebe am Südpol und gehöre zu den größten Pinguinen. Pinguine sind eigentlich Seevögel, die das Fliegen verlernt haben, dafür aber umso besser schwimmen und tauchen können.

Hier ein paar *technische* Daten von mir:

Grösse: 1,20 m

Gewicht: ca. 40 kg

Mein Ober- und Unterarm sind steif, deswegen kann ich sie gut als Flossen benutzen.

Meine Beine sind auch starr und ein wenig nach hinten versetzt, deswegen kann ich auch auf zwei Beinen gehen.

An den Füßen habe ich Schwimmhäute, mein Schwanz ist kurz, aber den kann ich gut zum Sitzen gebrauchen.

Mein Schnabel ist auch kurz, aber sehr kräftig.

Nun zu meinem Outfit – weißes Hemd, schwarzer Smoking – also ein Super-Outfit, das mich vor Kälte und Nässe ausgezeichnet schützt.

Im Wasser beim Tauchen brauche ich keine Brille, dafür bin ich an Land etwas kurzsichtig, brauche also zum Lesen eine Brille.

Wenn ich meine Freunde rufe, „trompete" ich am liebsten, das kann ich sehr gut!

*(War schon mal Aushilfs-Trompeter!)*

Jetzt zum Sport:

Schwimmen: ca. 10 km/h schnell – besondere Spezialität „Delfinschwimmen"

Tauchen: 20 Min. – und bis zu 500 m!

Springen an Land: bis zu 2 m weit!

Watscheln an Land: na ja, geht so!

Watscheln auf Eis: geht sehr schnell! Spezialität: bergab auf dem Bauch rutschen!

Übrigens sind wir Pinguine sehr gesellig und haben keine große Angst vor Menschen.

Um die Kinder kümmern wir uns immer gemeinsam – also auch die Väter!

Der normale Werdegang eines kleinen Pinguins: die ersten sechs Wochen Rund-um-die-Uhr Betreuung von Mama und Papa – danach Kindergarten, Schule und Ausbildung *(Pinguine sind nämlich sehr neugierige Tiere!)*.

Besonders intelligente Pinguine wie ich gehen zur Südpol-Universität.

So, das war's von mir!

**Pol**

> *siehe auch unter* **Nordpol**

> *siehe auch unter* **Südpol**

# Q

# R

# S

## Solar-Energie

> *siehe auch unter* **Sonne**
> *siehe auch unter* **Erneuerbare Energie**

## Sonne

Die Sonne kennt jeder – scheint ja jeden Tag! Sie ist ein Stern und der Mittelpunkt unseres Sonnensystems. Alle Planeten kreisen um die Sonne.

Und die Sonne ist ziemlich weit weg – im Sommer ca. 152 Millionen km, im Winter 147 Mill. km. Nehmen wir mal an, es würde ein ICE zur Sonne fahren, dann brauchte man rund 60 Jahre bis man dort ankommen würde – ganz schön lange Zugfahrt – also ein Butterbrot mehr einpacken.

Die Sonne scheint jeden Tag kräftig – egal ob Sommer oder Winter.

Im Winter schafft die Energie der Sonne es auf einem Quadratmeter mehr Energie als drei Glühbirnen *(200 Watt)* zu erzeugen. Im Sommer sind es sogar 15 Glühbirnen *(rund 1000 Watt)*. Und in einem ganzen Jahr bekommen wir 10.000 mal so viel Energie von der Sonne, wie wir auf der ganzen Erde brauchen. Reicht also dicke für alle!

Und mit der Sonne kann man wunderbar heizen und Strom machen.

*Wie?*

Mit einer **Solaranlage**!

Die ist auf dem Dach und heizt zum Beispiel das Wasser zum Baden.

Oder mit einer **Photovoltaik-Anlage**.

Damit kann man Strom machen – eben nur mit den Sonnenstrahlen.

Apropos warm: im Weltall ist es ziemlich kalt *(Jacke anziehen!)* – nämlich minus 270 Grad.

*Warum ist es dann so schön warm auf der Erde?*

Liegt an der Lufthülle um die Erde herum. Die hält die Wärme zurück. *(Wenn wir die nicht hätten, wäre es auf der Erde minus 18 Grad – also eher ungemütlich!)*

Die Lufthülle um die Erde – das ist wie eine Daunendecke – hält schön warm.

Wenn die allerdings zu dick wird, wird's ziemlich warm – so wie im Moment.

Das liegt dann am $CO_2$.

> *siehe auch unter* **$CO_2$**

## Stand-by

Das ist so 'ne Art *Schlafzustand* für elektrische Geräte – Fernseher, Computer, Stereoanlagen und und und …

Klingt harmlos, braucht aber Strom und das nicht zu knapp!

Deswegen werden sie auch *Power-Klauer* genannt.

Man erkennt sie an dem roten Lämpchen, das immer brennt!

Oder am warmen Netzteil *(z.B. beim Handy!)*.

Und da man Strom zum einen bezahlen muss und zum anderen bei der Herstellung von Strom $CO_2$ entsteht, gibt's nur eins: GOODBYE, Stand-by!

**Und hier noch mal ein paar Zahlen, was die Power-Klauer so alles klauen:**

| Stand-by/Power-Klauer | €/Jahr |
|---:|---|
| Fernseher | ca. 5,40 |
| Videorecorder | ca. 6,70 |
| Stereoanlage | ca. 8,10 |
| PC mit Drucker | ca. 11,80 |
| Handy-Ladegerät | ca. 3 |
| **geklaut/geschenkt** | **ca. 35 €/Jahr** |

Nimmt man alle Stand-by Geräte in Deutschland zusammen, werden rund 18 Millionen kWh Strom *geklaut* – das sind so viel wie fünf Millionen Haushalte in Deutschland im Jahr verbrauchen – dafür könnte man zwei bis drei Kraftwerke abschalten!
Das wär doch was!

**Strom**

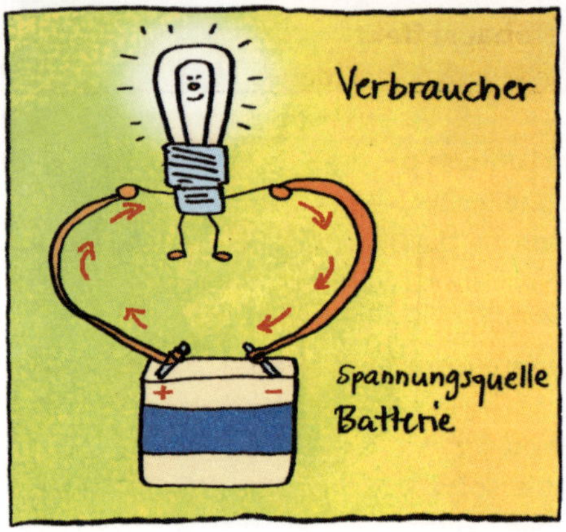


Kennt ihr ja alle – kommt aus der Steckdose und ist eigentlich immer da. Aber wie kommt der Strom in die Dose und woher kommt er überhaupt und hat er eigentlich auch eine Farbe? Kann man den sehen, riechen, schmecken, hören, fühlen?
Also, alles ganz einfach:
**Strom ist so eine Art Fluss.** Und wie bei jedem richtigen Fluss braucht es eine Quelle, damit der Fluss genug Wasser hat.
Nehmen wir mal eine Batterie. Die kennt ihr ja, z.B. von eurer Taschenlampe oder eurem Wecker. Die Batterie hat zwei Enden: auf der einen steht ein „+" und auf der anderen steht ein „-".
Und in der Batterie ist richtig was los – da wird nämlich kräftig sortiert – alle Teile mit einem „+" kommen zu der einen Seite – alle mit einem „-" kommen zu der anderen Seite.
Das nennt man dann Spannung *(gemessen in Volt)*. Und weil soviel Ordnung auch nicht gut ist, fängt es irgendwann an zu fließen – und das ist dann die Stromstärke *(gemessen in Ampere)*.
Und anstatt der Batterie gibt es riesengroße Kraftwerke – da ist auch ordentlich was los. Und von dort wird der Strom durch große Kabel – Stromleitungen – durchs ganze Land geschickt bis in eure Steckdose.
Und wenn mal so ein Kabel kaputt ist – wie zum Beispiel neulich im Münsterland, als da soviel Schnee gefallen ist, dass die Strommasten umgefallen sind – dann kommt eben kein Strom bei euch an.
Oder man hat – wie in den Krankenhäusern – Notstromaggregate, die dann für den Strom sorgen. Notstromaggregate sind so etwas wie kleine Kraftwerke.
Strom hat auch keine Farbe – auch wenn einige Leute bei der Werbung behaupten, er sei gelb – stimmt aber nicht.
Riechen kann man ihn auch nicht – es sei denn, irgendein Kabel brennt durch. Aber dann riecht man eher die verbrannte Isolierung.
Schmecken geht auch nicht. Hören kann schon mal klappen, vor allem wenn es draußen kalt ist, können Stromleitungen schon mal knistern – aber streng genommen ist das auch nicht der Strom, den man dann hört.
Bleibt nur noch das Fühlen – das allerdings geht! Ist aber lebensgefährlich!
Also: Bei Strom immer die Finger weg!

> *siehe auch unter* **Ampere**
> *siehe auch unter* **Kraftwerk**
> *siehe auch unter* **Volt**
> *siehe auch unter* **Watt**

**Stromfresser**

Das sind Geräte, die unnötig Strom fressen.
Beispiele:

- Stand-by Schaltungen
- Glühbirnen *(Energiesparlampen sind viel sparsamer – heißen ja deshalb auch so)*
- elektrische Wäschetrockner *(die gute alte Wäscheleine frisst gar keinen Strom)*
- große Fernseher

Und die größten Stromfresser überhaupt sind alte Kühlschränke und Gefriertruhen.
Also: Stromfresser abschalten, Geld sparen, $CO_2$ sparen!
> *siehe auch unter* **$CO_2$**
> *siehe auch unter* **Energiesparlampe**
> *siehe auch unter* **Stand-by**

**Südpol**
Der Südpol ist der südlichste Punkt der Erde – auf der gegenüber liegenden Seite ist der Nordpol – der nördlichste Punkt der Erde.

Die korrekte Bezeichnung lautet: 90 ° Süd.
Der Südpol liegt auf dem Festland der Antarktis unter dem ewigen Eis auf 2.800 m Höhe. Die ersten Menschen, die den Südpol erreichten, waren *Roald Amundsen* und sein Team am 14. Dezember 1911. Amundsens Konkurrent *Robert Falcon Scott* erreichte den Pol einen Monat später. Nach ihnen ist die *Amundsen-Scott-Südpolstation* benannt.

Da durch den Südpol alle Zeitzonen laufen, könnte man mit wenigen Schritten durch alle Zeitzonen hindurchgehen.
Könnte also ein ziemlich kurzer Tag werden.
> *siehe auch unter* **Nordpol**

# T

**Treibhauseffekt**
> *siehe auch unter* **Erderwärmung**

# U

# V

**Volt**
Gehört auch zu den drei Stromeinheiten: Ampere, Volt und Watt.
Volt gibt die **Spannung** an!
Das ist eigentlich wie im Krimi – da schleicht der Kommissar vorsichtig in den dunklen Keller und am anderen Ende des Kellers hat sich der Mörder versteckt!
Und je näher sie nun aufeinander zu gehen, desto spannender wird's.
So ungefähr ist das auch mit der Spannung beim Strom:
Auf der einen Seite sind – sagen wir mal – die positiven Teile und auf der anderen die negativen.
Und diese Trennung in *positiv* und *negativ* nennt man Spannung!
Und die kann man messen – eben in Volt!
> *siehe auch unter* **Strom**

# W

## Wasser

> *siehe auch unter* **Erneuerbare Energie**

## Watt

Der gehört auch zu den drei Stromeinheiten: Ampere, Volt und Watt.
Ampere war ja die Stromstärke, also wie schnell der Fluss fließt, und Volt war die Spannung.
Und Watt ist die **Leistung**. Also jetzt nicht in Schulnoten sehr gut oder befriedigend, sondern wie viel der Strom geflossen ist – das kann man dann messen – in Watt.
> *siehe auch unter* **Strom**

## Wetter

Mit dem Wetter ist es so ähnlich wie mit der Stimmung bei euch zu Hause – gestern war es eher stürmisch, heute ist es eher sonnig, mal schauen, wie das Wetter morgen wird!
Das Wetter ist immer kurzfristig – anders als das Klima, das ist eher langfristig und durchschnittlich.
Und deswegen kann man das Wetter auch nur so kurzfristig vorhersagen oder auch gar nicht – je nach dem wie das Wetter eben wird.
> *siehe auch unter* **Klima**

## Wind

> *siehe auch unter* **Erneuerbare Energie**

# X

# Y

# Z

## Zu Fuß

Zu Fuß zur Schule gehen oder mit dem Fahrrad fahren – das macht kein $CO_2$!
Also, dann:
Schuhe putzen, Fahrrad putzen und los!
Kennt ihr *„Kindermeilen“* oder den *„Schulbus auf Beinen (walking bus)“*? – Nein?
Dann schaut euch doch mal diese Seiten im Internet an:
*www.kinder-meilen.de*
Der Schulbus auf Beinen (walking bus):
*www.lernwerkstadt.de*
Außerdem:
*www.aktiv-fuer-kinder.de*

# Paul und Paulas Experimentierküche

# Experimente

**Alle Experimente müssen zusammen mit Eltern, Lehrer/innen oder Erzieher/innen durchgeführt werden!**

## Experiment Nr. 1: Treibhauseffekt

### Was brauchen wir?

- *zwei große Einmachgläser mit Glasdeckel*
- *zwei kleine Gläser*
- *Essig*
- *Backpulver*
- *zwei kleine Thermometer*

### Was müssen wir tun?

Die beiden kleinen Gläser füllen wir einmal mit Essig und einmal mit Wasser.
Dann werden die kleinen Gläser in die großen gestellt.
Die Thermometer werden so in die großen Gläser gestellt, dass man die Temperatur von außen gut ablesen kann.
*(Achtung! Die Thermometer nicht in das Wasser im kleinen Glas stellen!)*

In das kleine Glas mit Essig füllen wir jetzt zusätzlich ein Päckchen Backpulver hinein.
Dann schließen wir schnell den Deckel des großen Glases.
*(Wenn Backpulver und Essig zusammen kommen, entsteht $CO_2$!)*

Anschließend stellen wir beide Gläser in die Sonne.
Alle fünf Minuten messen wir die Temperatur in beiden Gläsern.

### Ergebnis:

Die Temperatur steigt in dem Glas mit Essig und Backpulver – also, wo $CO_2$ entstanden ist, viel schneller!

## Experiment Nr. 2: Windrad bauen

### Was brauchen wir?

- *ein Stück Tonpapier (ca. 20x20 cm)*
- *einen Korken (Weinflasche)*
- *eine Holzleiste (ca. 50 cm lang)*
- *einen Nagel*

### Was müssen wir tun?

Das Papier zwei mal diagonal falten (übereck), nach jedem Knick wieder aufklappen. An den vier Ecken soweit einschneiden, dass man dieses Dreieck zur Mitte hin falten kann. Vom Weinkorken schneiden wir eine Scheibe ab, *(ca. einen cm breit)*. Diese Scheibe auf die Spitze der vier Dreiecke kleben.
Dabei müssen wir darauf achten, das wir die Dreiecke nicht an die Fläche des Windrades kleben. Zwischen Bodenfläche und den Spitzen sollte etwas Luft sein *(siehe Skizze)*. Notfalls muss man etwas tiefer einschneiden.
Das fertige Windrad dann mit einem Nagel an der Holzleiste befestigen.
Dabei darauf achten, dass das Loch nicht zu klein ist, da sich das Windrad sonst nicht dreht.

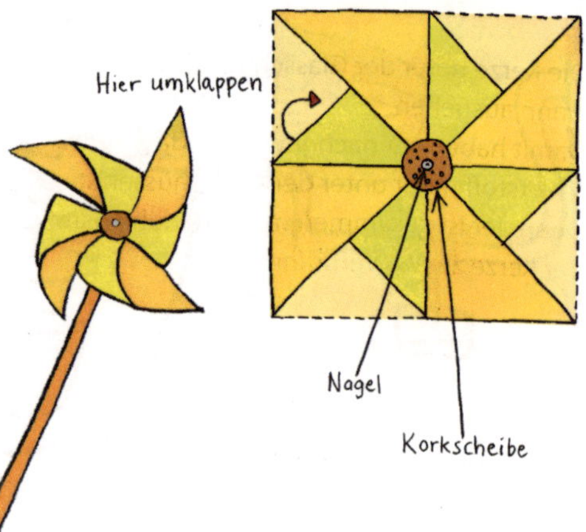

## Experiment Nr. 3:
# Solarkocher

### Bauanleitung Solarkocher

Habt ihr Lust, was zu bauen?
Zum Beispiel einen Solar-Ofen oder auch Solar-Kocher?
Was das ist?
Also ein Ofen oder ein Kocher, der nicht mit Strom oder Gas funktioniert, sondern mit Sonne. Eben ein Solar-Ofen!

Das hat übrigens die MAUS schon ausprobiert, hat auch funktioniert und kann man nachlesen und nachgucken unter:

*www.die-maus.de/sachgeschichten/solarofen*

Dann viel Spaß beim Ausprobieren!!

## Experiment Nr. 4:
# Treibhausgase

### Was brauchen wir?

- *Glasschüssel*
- *Kerze, Teelicht*

### Was müssen wir tun?

Wir zünden eine Kerze oder ein Teelicht an. Dann stellen wir das Licht unter eine Glasschüssel und warten ab, was geschieht.

### Ergebnis:

Die Kerze unter der Glasschüssel wird irgendwann ausgehen.
Damit haben wir nachgewiesen, dass kein Sauerstoff mehr unter der Glasschüssel ist. Denn der ist zusammen mit dem Kohlenstoff der Kerze zu $CO_2$ verbrannt.

## Experiment Nr. 5:
# Treibhaus-Effekt

### Was brauchen wir?

- *zwei kleine Schüsseln*
- *Wasser*
- *zwei kleine „Eisschollen“ (aus der Tiefkühltruhe)*
- *eine Glasglocke/Glasschüssel*
- *zwei kleine „Eisbären“*
- *Infrarot-Wärmelampe*

### Was müssen wir tun?

Wir füllen in zwei kleine Schüsseln Wasser.
Aus der Tiefkühltruhe holen wir uns zwei kleine „Eisschollen“.
Die legen wir in das Wasser. Darauf setzen wir je einen kleinen Eisbären – geht auch mit einem anderen kleinen Tier.
Dann stülpen wir über eine Schüssel eine weitere Glasschüssel oder eine Glasglocke *(z.B. eine Käseglocke)*. Die andere Schüssel bleibt offen. Dann nehmen wir uns eine Infrarot-Wärmelampe und lassen sie auf beide Schüsseln scheinen und beobachten, was geschehen wird!

### Ergebnis:

Die Scholle unter der Glasschüssel schmilzt deutlich schneller – und der Eisbär muss nun kräftig schwimmen!

## Experiment Nr. 6:
# Die verkleideten Flaschen

### Was brauchen wir?

- *9 gleich große Flaschen*
- *unterschiedlich warme Kleidungsstücke*
- *zum Verkleiden der Flaschen (z.B. mit drei dünnen Baumwollstrümpfen, drei dicken Wollstrümpfen, drei bleiben nackt)*
- *Thermometer*
- *warmes Wasser (ca. 37 ° Celsius)*

### Was müssen wir tun?

Wir verkleiden die Flaschen als Puppen und ziehen sie mit den unterschiedlich warmen Kleidungsstücken an. Drei Flaschen bleiben „nackt".

Alle Flaschen werden mit ca. 37 ° Celsius *(ähnlich der Körpertemperatur)* warmem Wasser gefüllt. Die Wassertemperatur in den Flaschen wird sofort mit dem Thermometer gemessen und die Flaschen werden verschlossen. Dann werden je drei *(dünn, dick, nackt)* Flaschen an verschiedenen Orten aufgestellt *(vor der Heizung, in der Mitte des Klassenraumes, draußen)*. Die Umgebungstemperatur wird gemessen.

Nach 15 Minuten wird die Wassertemperatur in den Flaschen an Ort und Stelle gemessen. In der Zwischenzeit können wir Vermutungen äußern, ob und inwiefern sich an der „Körpertemperatur" der Flaschen etwas ändern wird.

### Impulsfragen:

- *Welche Flasche wird draußen am kältesten? Warum?*
- *Welche warm angezogene Flasche wird am kältesten? Warum?*

### Ergebnis:

Wir können Folgendes feststellen:

- *Am gleichen Ort kühlen warm angezogene Flaschen nicht so schnell aus wie die weniger warm angezogenen oder die ganz nackten Flaschen.*
- *An kühleren Orten kühlen gleich warm angezogene Flaschen schneller ab als an wärmeren Orten.*
- *Wenn die Luft wärmer als 36 ° Celsius ist, bleibt die Wassertemperatur der Flaschen erhalten.*

Übertragung des Ergebnisses auf den menschlichen Körper.

### Impulsfragen:

- *Was tust du, wenn dir draußen zu kalt oder zu warm ist?*
- *Was tust du, wenn es dir drinnen zu kalt oder zu warm ist?*

### Mögliche Antworten:

Die Bekleidung ändern, die Lufttemperatur über die Heizung beeinflussen.

### Quelle:

Behörde für Umwelt und Gesundheit Hamburg *(1993)*: Wärme richtig nutzen – Eine Unterrichtseinheit für die Grundschule

## Experiment Nr. 7:
## Wer im Glashaus sitzt, schwitzt!

Für diesen Versuch braucht man Sonnenschein!

### Was brauchen wir?

- *eine kleine Schüssel aus Glas*
- *2 kleine Becher*
- *ein Thermometer*
- *Wasser*

### Was müssen wir tun?

Zwei Becher werden gleich hoch mit Wasser gefüllt und in die Sonne gestellt. Über den einen Becher wird eine Glasschüssel gestülpt. Nach einer Stunde nimmt man die Schüssel weg. Wir prüfen die Wassertemperatur in den beiden Bechern mit dem Finger und messen sie danach mit einem Thermometer.

### Fragen:

- *Was fällt dir auf?*
- *Warum ist das so?*

### Mögliche Antworten:

Das Wasser unter der Glasschüssel ist wärmer, Sonnenlicht geht durch das Glas und verwandelt sich in Wärme, ein Teil der Wärme bleibt unter dem Glas gefangen.

### Ergebnis:

Wir haben ein Glashaus gebaut und die Sonne zum Heizen genutzt. Genauso arbeiten Gewächshäuser und Wintergärten. Sie fangen die Wärme der Sonne ein und sparen Heizenergie.

### Quelle:

Ministerium für Umwelt des Saarlandes (Hrsg.): Unterrichtshilfen für die Grundschule zum Thema Umwelt, 1. Baustein: Haus, 2001.

## Experiment Nr. 8:
## Sonnenkollektor

Wir stellen an einem warmen Sommertag zwei Schüsseln mit Wasser draußen auf die Terrasse. Die eine Schüssel ist weiß, die andere ist schwarz oder dunkel. Die weiße Schüssel hat keinen Deckel, die schwarze bekommt einen Glasdeckel.
Wir messen zu Beginn die Temperaturen in beiden Schüsseln – müssten eigentlich gleich sein. Nach einer halbe Stunde messen wir wieder – das Wasser in der schwarzen Schüssel müsste deutlich wärmer geworden sein. Stimmt's? – Super!
Und genauso funktioniert eine Solaranlage auf dem Dach: schwarze Schüsseln mit einem Glasdeckel.
Dann kann die Heizung im Keller abgeschaltet werden und das Wasser zum Duschen wird alleine durch die Kraft der Sonne erwärmt.
Klingt einfach, ist es auch!

Weitere Experimente finden sich:
*www.klimanet.baden-wuerttemberg.de*
Und hier noch eine weitere wichtige Quelle:
*http://www.bmu.de/klimaschutz*

## Experiment Nr. 9:
# Zitronenbatterie

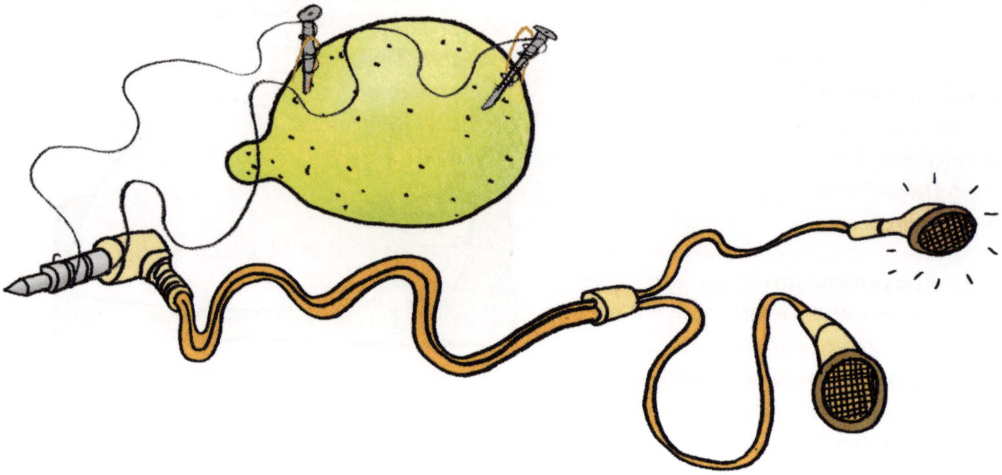

### Was brauchen wir?

- *eine frische Zitrone*
- *ein Nagel (ca. 5 cm)*
- *eine Büroklammer (aus Kupfer)*
- *2 kurze Drahtstücke*
- *ein Kopfhörer*

### Was müssen wir tun?

In die Zitrone wird an je einem Ende die Büroklammer und der Nagel gesteckt. Sie bilden die „Elektroden". An den Elektroden wird jeweils ein Stück Draht befestigt.
Die beiden freien Drahtenden werden nun mit dem Stecker eines Kopfhörers verbunden. Im Kopfhörer beginnt es zu knistern und zu rauschen.

### Ergebnis/Erklärung:

Der Zitronensaft ist säurehaltig und leitet den elektrischen Strom, weshalb der Zitronensaft als Elektrolyt bezeichnet wird. Sobald der Stromkreis geschlossen wird, läuft in der Zitrone eine chemische Reaktion ab, bei der Elektronen und Metallionen freigesetzt werden. Weil Eisenatome *(Nagel)* ihre Elektronen weniger fest an sich binden als Kupferatome *(Büroklammer)*, gibt das Eisen Elektronen an das Kupfer ab. Der Elektronenfluss ist dabei nichts anderes als Strom. Wenn nun die beiden Drahtenden an den Kopfhörerstecker gehalten werden, ist der Stromkreis geschlossen und Strom fließt. Dieser fließt durch das Kopfhörerkabel und ist in Form eines Knistergeräusches zu hören.

### Tipp:

Wir können in verschiedenen Gruppen unterschiedliche Obst- und Gemüsesorten und analog dazu unterschiedliche Metallkombinationen auf diesen Effekt hin untersuchen und feststellen, wann am meisten Strom produziert wird bzw. welche Metalle den Strom am besten leiten *(Kartoffeln, Apfelsinen bzw. Zink, Aluminium, etc.)*.

**Quelle:** Zukunftsinitiative Rheinland-Pfalz: Hrsg. *(2000)*: Experimente für den Sachunterricht an Grundschulen: Experimente mit Aha-Effekt. *www.zirp.de*

## Experiment Nr. 10: Elektromotor mit Solarantrieb

### Was brauchen wir?

*(erhältlich in Spielzeugläden, im Elektronikversand oder bei Anbietern von Solarspielzeug im Internet)*

- *eine kleine Solarzelle*
- *2 Leitungsdrähte*
- *ein kleiner Elektromotor*
- *Riemenscheibe*
- *eine selbstgemalte Blume (Blüte)*
- *Sonnenschein oder notfalls eine Lampe*

### Was müssen wir tun?

Die Solarzelle wird über die Drähte mit dem Elektromotor verbunden. Danach wird die Riemenscheibe auf den Motor gesteckt und die Blume auf die Riemenscheibe geklebt. Wenn man nun die Solarzelle in die Sonne oder nah unter eine Lampe stellt, beginnt sich die Blume zu drehen.

### Quelle:

Ortrud Dommaschk und Karola Willms: Energie – Energiesparen und Klimaschutz

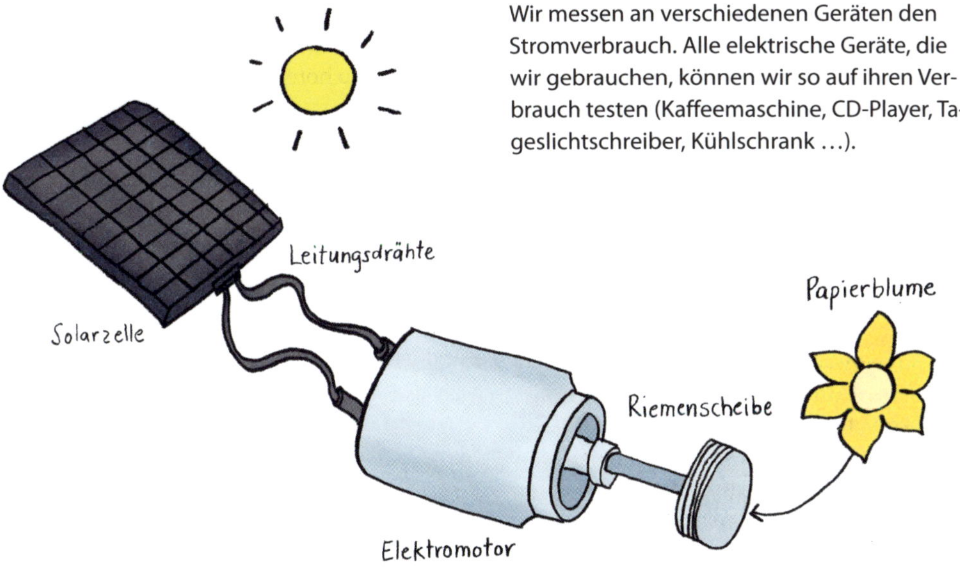


## Experiment Nr. 11: Strom

### Was brauchen wir?

- *Handkurbel oder*
- *Fahrrad mit einem Dynamo*
- *Energiesparlampe*
- *dunkle Glühlampe*
- *Kabel*

### Was müssen wir tun?

Wir erzeugen mit der Handkurbel oder dem Fahrrad Strom und schauen, was wir damit antreiben können – eine Energiesparlampe, eine Glühlampe, und und und …

## Experiment Nr. 12: Strom messen

### Was brauchen wir?

- *Stromverbrauch-Messgerät (habt ihr vielleicht in der Schule; sonst kann man sich auch Messegeräte bei euren Stromversorgern vor Ort ausleihen.)*

### Was müssen wir tun?

Wir messen an verschiedenen Geräten den Stromverbrauch. Alle elektrische Geräte, die wir gebrauchen, können wir so auf ihren Verbrauch testen (Kaffeemaschine, CD-Player, Tageslichtschreiber, Kühlschrank …).

## Experiment Nr. 13:
# Der „Gletscher-Gummi-Eis-Bären" Versuch

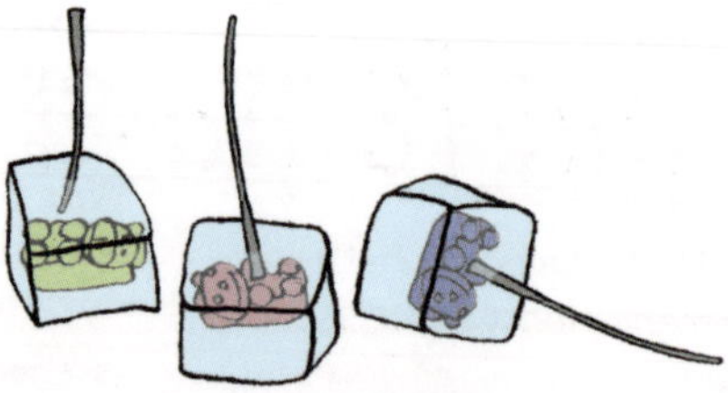

### Was brauchen wir?

- *Gummibären*
- *Draht*
- *Eiswürfelformen aus dem Kühlschrank*
- *Material zum Einpacken: Daunenjacke, Kissen, Zellstoff, Wolle, Plastikfolie, Thermoskanne, Wasser …*
- *Wecker/Uhr*
- *Papier und Stift*

### Was müssen wir tun?

Wir bereiten einige Gummibären vor, indem wir jedes Gummibärchen an einen Draht hängen. Dann legen wir die Gummibären samt Draht – der Draht guckt nach oben – in ein einzelnes Fach einer Eiswürfelform, füllen alles mit Wasser auf und stellen es in das Tiefkühlfach.
Wenn die Eiswürfel mit den Gummibären gefroren sind, nehmen wir sie am Draht aus der Form.
Jetzt bekommt jedes Gummibärchen eine eigene Verpackung:
In ein Kissen, in eine Daunenjacke, in eine Plastikfolie, in eine Thermoskanne, in Wolle, in Zellstoff und und und … – bis auf ein Gummibärchen, das bleibt ohne Hülle auf dem Tisch liegen.
Alle dürfen raten, welches Gummibärchen am schnellstens schmilzt und welches am längsten kühl bleibt und somit unser „Gletscher-Gummi-Eisbärchen" wird!

### Zweiter Durchgang:

Und jetzt beobachten wir das Experiment genau! Einer übernimmt die wichtige Aufgabe des „Zeitnehmers" und sagt alle 10 Minuten Bescheid.
Das Forscherteam vergibt die Punkte: 0 Punkte *(nicht geschmolzen)* bis 6 Punkte *(stark geschmolzen)*.

### Auswertung:

- *Wer lag mit seinem Tipp richtig?*
- *Bliebe auch heißes Wasser in der Siegerhülle am längsten heiß?*
- *Wie könnte man ein Haus „einpacken", um es warm zu halten?*
- *Wir besuchen ein „Gebäudesanierungsunternehmen" und lassen uns erklären, wie das bei Häusern funktioniert.*

## Experiment Nr. 14:
# Klimaexperimentierkiste

Diese Klimaexperimentierkiste enthält viele Ideen zum Thema Klimaschutz und zu unserer Verantwortung, für Klasse 4–6 (Fächer: Sachkunde, Physik, Biologie, Erdkunde, Chemie).

Die Versuche sind in vier Bereichen gegliedert:

- *Wie entsteht Klima?*
- *Klimazonen*
- *Zusätzliche Energiequellen*
- *Was können wir für den Klimaschutz tun?*

Weitere Infos über die Klimaexperimentierkiste gibt es unter: *www.epiz.de*

# Paul und Paulas Fragestunden

# Nach-Fragen

## Sigmar Gabriel,
Bundesumweltminister

**Paul u. Paula:** *Können Sie nicht einmal, so von heute auf morgen, den ganzen $CO_2$-Ausstoß verbieten? Dann könnten wir die Erderwärmung aufhalten. Sie sind Minister und sitzen in Berlin, da können Sie doch einiges machen!*

**Sigmar Gabriel:** Einfach so, von heute auf morgen? Das ist leider nicht möglich, weil wir in unserer hoch technisierten und komplexen Welt nur mit gemeinsam gefassten Beschlüssen nachhaltige Erfolge erzielen können. Daher arbeitet die Bundesregierung intensiv an europaweiten und weltweiten Vereinbarungen zum Klimaschutz, damit euch eine lebens- und liebenswerte Erde erhalten bleibt. Nicht vergessen dürfen wir dabei, dass die Veränderung des Klimas auch die lebenswichtige Vielfalt der Tier- und Pflanzenwelt bedroht. Ein Minister, eine Bundesregierung brauchen eure Unterstützung, eure Ideen und eure Lösungsvorschläge. Helft uns bei den schwierigen, aber notwendigen Entscheidungen. Dann können wir gemeinsam viel erreichen.

**Paul u. Paula:** *Haben Sie Kinder? Und wenn ja, wie erklären Sie das Ihren Kindern mit der Klimaerwärmung?*

**Sigmar Gabriel:** Ich habe eine Tochter, der ich die Klimaerwärmung nicht mehr erklären muss, da sie schon älter ist und sehr gut über die Umweltprobleme informiert ist. Aber ich muss ihr oft erklären, warum wir in der Politik manchmal nur mühsam und langsam zu Erfolgen kommen.

**Paul u. Paula:** *Macht Ihnen ihr Job eigentlich Spaß oder sind Sie jeden Tag traurig, wenn neue „schlechte Nachrichten" kommen?*

**Sigmar Gabriel:** Der „Job" ist anstrengend, weil jeden Tag neue Herausforderungen kommen, die bewältigt werden müssen. Da bleibt auch keine Zeit für Traurigkeit. Spaß macht der „Job" dennoch, weil man jeden Tag engagierte Menschen erlebt und neu kennen lernt, die meine Arbeit und meine Ziele unterstützen und mit mir an Lösungen arbeiten.

**Paul u. Paula:** *Welche Rolle würden Sie in unserm Klima-Musical gern spielen?*

**Sigmar Gabriel:** Ich finde, dass in diesem Musical jede Rolle wichtig ist und man stolz sein kann, wenn man dabei ist. Natürlich würde ich gern den Paul oder den Dr. Ping darstellen. Das sind tolle und wichtige Rollen. Auch der Eisbär gefällt mir sehr. Allein deshalb, weil ich durch meine Patenschaft für den jungen Eisbär Knut im Zoologischen Garten in Berlin viel über diese beeindruckenden Tiere und ihre bedrohte Welt gelernt habe.

# **Angelika Zahrnt,** Vorsitzende des BUND

**Paul u. Paula:** *Warum ist das Ihnen so wichtig mit dem Natur- und Umweltschutz, dass Sie daraus einen ganzen Job machen?*

**Angelika Zahrnt:** Weil die Natur für mich ein großes Wunder ist. Die Schönheit eines Schmetterlings zum Beispiel. Oder wie ein Ameisenstaat funktioniert, wie die Zugvögel ihren Weg nach Afrika finden, wie aus einem Samen eine Pflanze wird und aus meinem Komposthaufen lockere Erde. Wir Menschen als Mitbewohner dieser Erde haben kein Recht, Tiere und Pflanzen und dieses Wunderwerk der Zusammenhänge zu zerstören. Außerdem möchte ich, dass meine Kinder (und hoffentlich Enkelkinder) und auch Kinder in 100 Jahren sich an der Natur freuen können. Deshalb möchte ich, dass wir ihnen genug Rohstoffe übrig lassen und für fruchtbare Böden, saubere Luft und ein gedeihliches Klima sorgen, damit sie ein gesundes, angenehmes und interessantes Leben führen können und nicht ums Überleben kämpfen müssen auf einem geplünderten Planeten.
Und dann gibt es noch einen ganz wichtigen Grund: Weil es ein Skandal ist, dass es so viel Hunger auf der Welt gibt. Auch das hat mit der Zerstörung von Natur und Umwelt zu tun und mit ungerechten Wirtschaftsbeziehungen.
Für mich ist die Arbeit im BUND wichtig, weil ich da nicht nur immer lese und höre und sehe, wie viel Negatives passiert, sondern ich selber mit den vielen anderen BUND-Mitgliedern daran arbeiten kann, dass sich etwas zum Guten ändert – im Kleinen wie in der Politik. Aktiv sein ist einfach besser als resignieren.

**Paul u. Paula:** *Und was machen Sie so den ganzen Tag als BUND-Chefin?*

**Angelika Zahrnt:** Die Tage sind so unterschiedlich. Manchmal ganz normale Bürotage – lesen, schreiben, telefonieren. Dann Besprechungen mit anderen BUND-Freunden, schließlich ist der BUND ein ziemlich großer Verband und braucht Organisation und Planung und Geld. Dann gibt es Tage mit politischen Gesprächen, z.B. mit Ministern, politische Diskussionen und Reden bei Veranstaltungen oder im Fernsehen. Das kann manchmal ziemlich aufregend und auch schon mal nervig sein. Lange Bahnfahrten, viel Zeit in Konferenzräumen und seltener bei schönen Naturschutzprojekten.

**Paul u. Paula:** *Gibt es etwas, was Sie ganz konkret tun, damit die Erde nicht noch wärmer wird?*

**Angelika Zahrnt:** Ich fahre innerhalb Deutschlands (fast) nur mit dem Zug und mit dem Fahrrad, ich kaufe Bio-Lebensmittel (die sind nicht nur für mich, sondern auch für das Klima gesünder) und ich kaufe relativ wenig neue Sachen (die zur Herstellung ja auch Energie brauchen).

**Paul u. Paula:** *Welche Rolle würden Sie in unserm Klima-Musical gern spielen?*

**Angelika Zahrnt:** Im Klima-Musical würde ich gern eine „Freundin der Erde" spielen. Die Rolle kenne ich.

## **Prof. Ulrich V. Bathmann,** Polarforscher

**Paul u. Paula:** *Was macht ein richtiger Polarforscher wie Sie den ganzen Tag?*

**Ulrich V. Bathmann:** Die Frage sollte aber lauten: Was macht ein Polarforscher das Jahr hindurch? Denn je nachdem ob ich auf einem Forschungsschiff bin oder am Schreibtisch im Polarinstitut, ist der Tagesablauf sehr verschieden.
Also was mache ich so im Jahresverlauf:
Ein bis zwei Monate bin ich mit dem Forschungseisbrecher Polarstern in der Antarktis. Drei bis vier Monate verbringe ich damit, die dort gesammelten Ergebnisse auszuwerten und aufzuschreiben. Das meiste wird in Englisch geschrieben für andere Wissenschaftler, aber ich schreibe auch Aufsätze und Artikel in deutschsprachigen Büchern, zum Beispiel für Schüler und Lehrer.
Insgesamt 30 bis 40 Tage (ein bis eineinhalb Monate) verbringe ich mit Unterricht an der Universität. Hinzu kommt die Zeit, die ich mit Studenten diskutiere, die ihre Abschlussarbeiten schreiben (Diplom-, Master- oder Doktorarbeiten).
Den Rest der Zeit (ca. fünf Monate) sitze ich in Konferenzen, um mit anderen Wissenschaftlern neue Forschungsfragen zu diskutieren. Den Hauptteil dieser Zeit verbringe ich allerdings mit Verwaltungsaufgaben. Das bedeutet, dass ich mit Leuten rede, die bei mir in der Gruppe arbeiten, zusehe, dass wir genügend Geld für unsere Forschung bekommen, Berichte darüber schreibe, was wir bisher mit dem erhaltenen Geld getan haben, und zusehe, dass alles richtig, gut und ohne Probleme läuft.

**Paul u. Paula:** *Wir haben gehört, dass die Pole schmelzen. Stimmt das?*

**Ulrich V. Bathmann:** Über 250 Wissenschaftler aus fast allen Ländern der Erde haben in den letzten Jahren einen Bericht geschrieben, der zeigt, dass es auf der Erde wärmer wird. In diesem Bericht steht, dass das Meereis in der Arktis (Nordpol) in den letzten 40 Jahren deutlich abgenommen hat. Am Nordpol ist das Meer mehrere 1000 m tief. Das Meer ist mit Eis bedeckt, dass nur wenige Meter dick ist. Daher schmilzt es leicht, wenn es auf der Erde wärmer wird.
Am Südpol sieht es ganz anders aus, da der Südpol über Land – der Antarktis – liegt in einigen Tausend Metern Höhe. Der Eispanzer der Antarktis selbst ist bis über 4000 m dick und es dauert entsprechend lange ihn abzutauen. Die Messungen der Temperaturen am Südpol zeigen keine Erwärmung, vermutlich, weil diese Tiefkühltruhe zu gut isoliert ist, um sich so schnell aufzuwärmen wie der Nordpol. Am Rande der Antarktis (an der Antarktischen Halbinsel) sind allerdings seit 40 Jahren wärmere Temperaturen gemessen worden.

**Paul u. Paula:** *Wenn uns richtig kalt ist, dann gehen wir in die warme Badewanne. Was machen Sie denn, wenn Ihnen richtig kalt ist?*

**Ulrich V. Bathmann:** Wenn mir richtig kalt ist, ziehe ich mich noch wärmer an. Die Zwiebeltechnik ist ganz gut, eine warme Lage über die nächste und oben drüber dann Windschutzkleidung. Außerdem bewege ich mich, wenn ich friere. Zusätzlich hilft warmes Essen. Und in den Polarregionen ist es dann auch sinnvoll, dass ich mich in einen Windschatten (ein Poncho, ein Zelt, ein Iglu, eine Schneehöhle) begebe.

**Paul u. Paula:** *Welche Rolle würden Sie in unserm Klima-Musical gern spielen?*

**Ulrich V. Bathmann:** Als Polarforscher bin ich ein Freund der Erde, der Lebewesen und des Klimas. Ich versuche zu verstehen wie alles zusammenhängt, um an Vorschlägen mitzuwirken was wir tun und was wir als Menschen nicht tun sollten, um unseren Lebensball Erde zu erhalten.

## **Tobias Schlegl,** Moderator

**Paul u. Paula:** *Müsste das Fernsehen nicht mehr über den Klimawandel berichten?*

**Tobias Schlegl:** Ja, definitiv. Leider gibt es für Kinder und Jugendliche fast keine Informationsangebote im TV. Dabei hätte das Fernsehen die Chance, viel mehr Wissen zu vermitteln. Nur derjenige, der die Folgen seines Handelns versteht, kann Konsequenzen ziehen. Das gilt besonders für den Klimawandel.

**Paul u. Paula:** *Gibt es etwas, was Sie ganz konkret tun, damit die Erde nicht noch wärmer wird?*

**Tobias Schlegl:** Ich lasse mein Auto fast immer stehen und fahre lieber mit meinem BMX-Rad oder Skateboard.

**Paul u. Paula:** *Wenn Sie einen Klima-Wunsch frei hätten, was würden Sie wünschen?*

**Tobias Schlegl:** Die Politiker sollen nicht so viel über den Klimawandel reden, sondern jetzt endlich konkret handeln.

## **Dr. Hermann Scheer,** Präsident von Eurosolar

**Paul u. Paula:** *Wie funktioniert das mit der Sonne und dem Strom? Aber bitte: nur kurz erklären!*

**Dr. Hermann Scheer:** Bei der Stromerzeugung mit Sonnenlicht wird die Sonnenstrahlung durch Solarzellen in elektrische Energie umgewandelt. Diese Arbeit verrichtet ein sogenannter Halbleiter, meist das chemische Element Silizium. Wenn die Sonne scheint, entstehen in der Solarzelle ganz von selbst freie positive und negative Ladungen, die durch ein elektrisches Feld getrennt werden und als Elektronen über einen elektrischen Leiter abfließen können. Dieser sogenannte Gleichstrom kann direkt zum Betrieb elektrischer Geräte genutzt oder in Batterien gespeichert werden. Er kann auch in Wechselstrom umgewandelt und in das öffentliche Stromnetz eingespeist werden. Mit einer Solaranlage auf dem Dach ist es wie mit einem eigenen Garten: Man produziert selber das, was man braucht.

**Paul u. Paula:** *Ist das für die Sonne nicht schlimm, wenn sie fürs Heizen und für den Strom gebraucht wird?*

**Dr. Hermann Scheer:** Nein, überhaupt nicht. Die Sonne liefert an einem Tag eine Energiemenge, die den Energiebedarf in Deutschland um etwa das Achtzigfache übersteigt. Und das an jedem Tag im Jahr! Das Kraftwerk Sonne wird auch noch die nächsten 5 Milliarden Jahren arbeiten und ist dabei vollkommen kostenlos und umweltfreundlich.

**Paul u. Paula:** *Und was ist, wenn die Sonne mal nicht scheint – soll ja mal vorkommen!*

**Dr. Hermann Scheer:** Wenn die Sonne mal nicht scheint, zum Beispiel bei Regenwetter und natürlich in der Nacht, dann weht vielleicht gerade ein kräftiger Wind und man kann mit Windrädern den benötigten Strom erzeugen. Und wenn der nicht weht, dann gibt es eine Menge anderer Möglichkeiten, Strom und Wärme zu erzeugen.
Man kann zum Beispiel die Wärme aus dem Inneren der Erde zum Heizen benutzen. Wie das geht? Man leitet eine Flüssigkeit mehrere Kilometer tief ins Erdinnere, wo Temperaturen von bis zu 6.000°C herrschen können. Pumpt man die dort erhitzte Flüssigkeit wieder an die Oberfläche, können zum Beispiel Häuser mit ihr beheizt werden.
Ähnlich verhält es sich mit der Bioenergie. Zu den Rohstoffen zur Herstellung von Bioenergie zählen unter anderem pflanzliche oder tierische Reststoffe, also zum Beispiel Stroh, tierische Exkremente (Gülle) und Biomüll. Darüber hinaus wird Bioenergie aus Pflanzen gewonnen - zum Beispiel Mais, Roggen, Raps und Zuckerrüben.
Aus diesen verschiedenen Stoffen kann man dann „Energieträger" (z.B. Pflanzenöle, Holzhackschnitzel oder Biogas) herstellen, die wiederum in Wärme, Strom oder Kraftstoffe umgewandelt werden. Diese lassen sich lagern und transportieren und sind auch dann verfügbar, wenn Sonne und Wind nicht genügend Energie liefern.
Man sieht, auch wenn die Sonne mal nicht scheint gibt es viele andere Arten um Strom und Wärme zu erzeugen - der Mix macht's!

**Paul u. Paula:** *Welche Rolle würden Sie in unserm Klima-Musical gern spielen?*

**Dr. Hermann Scheer:** Ich wäre gerne der Sonnenkönig, aber wenn das nicht geht, bin ich Prof. Dr. Ping von der Südpol-Uni.

## WDR Maus

**Christoph Biermann,**
Regisseur und Darsteller bei der Sendung mit der Maus

**Paul u. Paula:** *Hast du schon mal 'ne Sendung gemacht über die Klimaerwärmung?*

**Die MAUS:** Noch nicht, aber wir sind dabei, eine Sendung darüber zu machen, wie ein Gewächshaus funktioniert. Das muss man nämlich wissen, wenn man verstehen will, was mit dem Erdklima passiert, und warum.

**Paul u. Paula:** *Können Mäuse und Elefanten auch was gegen die Klimaerwärmung tun?*

**Die MAUS:** Sie könnten natürlich weniger essen und weniger blähen. Denn das Methan und das Kohlendioxid das sie ausgasen, beeinflusst auch das Klima. Ich bin mir aber nicht sicher, ob der Beitrag der Mäuse oder der Elefanten größer wäre. Es gibt ja viel mehr Mäuse als Elefanten.

**Paul u. Paula:** *Wenn du „Chef von Deutschland", also genauer „Mäuse-Chef von Deutschland" wärst, was würdest du dann sofort gegen die Klimaerwärmung tun?*

**Die MAUS:** Ich würde ein Tempolimit einführen, ein Programm auflegen, das Häuslebauern erlaubt, eine Solaranlage mit der Energieersparnis zu finanzieren, und die Leute dazu bringen, darüber nachzudenken, ob das, wofür sie Energie aufwenden, wirklich dazu beiträgt, sie glücklich leben zu lassen.

# **Aloys Wobben,**
## Geschäftsführer der Firma ENERCON GmbH (Windräder)

**Paul u. Paula:** *Wie funktioniert das mit dem Wind und dem Strom?*

**Aloys Wobben:** Der Wind hat ganz viel Energie. Das merkt jeder, der bei Sturm aus dem Haus geht. Wenn der Wind sehr stark ist, müsst ihr euch regelrecht dagegen anstemmen, um voranzukommen. Diese Kraft des Windes kann man einfangen. Die Flügel von Windenergieanlagen sind so geformt, dass sie sich bewegen, wenn sie in der richtigen Position zum Wind stehen. Sie weichen dabei dem Druck des Windes aus, das können sie aber nur in der Richtung tun, die ihre Befestigung zulässt, also drehen sie sich im Kreis. Die Blätter sind an einem Bauteil festgeschraubt, das sich mit ihnen mitdreht, so wird die Energie weitergegeben. Damit wird dann ein Generator angetrieben, der aus der Bewegungsenergie dann elektrische Energie – also Strom – macht, ähnlich wie ein Fahrradynamo.

**Paul u. Paula:** *Welcher Wind ist der beste – der aus Nord, aus Süd, aus West oder aus Ost?*

**Aloys Wobben:** Natürlich ist der starke Wind der beste. Von wo er weht ist egal. Bei starkem Wind erzeugen die Windenergieanlagen den meisten Strom. Aber auch bei wenig Wind drehen sich die modernen Anlagen heute schon und tragen dazu bei, dass die Dörfer und Städte mit sauberem Strom versorgt werden. Je höher man über dem Boden ist, desto stärker weht der Wind, deswegen können die Windenergieanlagen auf unterschiedlich hohen Türmen gebaut werden. So kann man an fast jedem Standort in Deutschland genug Wind einfangen.

**Paul u. Paula:** *Wie viele Windräder haben Sie schon gebaut, und wie viele Häuser kann man damit mit Strom versorgen?*

**Aloys Wobben:** ENERCON hat bis jetzt weltweit über 11.000 Windenergieanlagen aufgestellt. Eine große Windenergieanlage wie die E-82 erzeugt in einem Jahr in Deutschland rund 5 Millionen Kilowattstunden Strom. Das ist soviel, wie über 1100 Häuser verbrauchen, wenn man für ein Land wie Deutschland rechnet, wo ein Haus 4500 Kilowattstunden pro Jahr verbraucht. Früher wurden viel kleinere Anlagen gebaut, die weniger Häuser versorgen können. Alle bisher gebauten ENERCON Anlagen zusammen können aber trotzdem schon über 6 Millionen Häuser versorgen.

**Paul u. Paula:** *Welche Rolle würden Sie in unserm Klima-Musical gern spielen?*

**Aloys Wobben:**
In dem Klima-Musical würden ich gern die gute Rolle eines Freunds der Erde spielen. Falls die Rolle schon besetzt ist, würde ich mich auch mit der Rolle von Pinguin und Eisbär identifizieren können.

## **Birgit Fischer,**
Kanu-Weltmeisterin & Olympiasiegerin

**Paul u. Paula:** *Wie viele Kilometer sind Sie eigentlich in Ihrem Leben schon gerudert? Einmal um die Erde?*

**Birgit Fischer:** Nur zur Klarstellung … ich paddle, und da bin ich ganz sicher schon mehrmals um die Erde gepaddelt in den letzten 39 Jahren, die ich schon paddle.

**Paul u. Paula:** *In der Schule haben wir gelernt, dass man durch Kraft auch Energie und Strom herstellen kann. Nun brauchen Sie ja sehr viel Kraft beim Paddeln. Können Sie mit dem Paddeln Strom erzeugen, und wenn ja, wie viel?*

**Birgit Fischer:** Würde ich meine Muskelkraft nicht dazu einsetzen, um mein Boot voranzutreiben, sondern im Trockenen auf der Stelle stehen und mein Paddel an mir vorbeiziehen, könnte ich bestimmt eine Menge Strom erzeugen. Wie viel, das weiß ich nicht genau. Es hängt ja auch davon ab, wie gut ich trainiert habe. Aber eine große Lampe würde bestimmt sehr hell leuchten, und ihr könntet ein ganzes Buch durchlesen, während ich paddle.

**Paul u. Paula:** *Sind eigentlich Ihre Oberarmmuskeln oder Ihre Beinmuskeln größer – nur mal so gefragt …*

**Birgit Fischer:** Natürlich sind meine Beinmuskeln im Umfang größer. Meine Armmuskeln könnten aber die Gewinner sein, wenn es darum geht, welche Muskeln stärker sind.

**Paul u. Paula:** *Welche Rolle würden Sie in unserm Klima-Musical gern spielen?*

**Birgit Fischer:** Ich würde gerne der Pinguin sein. Er mag das Wasser genauso wie ich auch.

## **Pfarrer Uwe Krause** aus Grifte-Holzhausen (bei Kassel)

**Paul u. Paula:** *Wieso ist Ihnen als Pfarrer das mit der Umwelt so wichtig?*

**Pfarrer Uwe Krause:**
In der Bibel sagt Moses: „Solange die Erde steht, soll nicht aufhören Saat und Ernte, Frost und Hitze, Sommer und Winter, Tag und Nacht" *(1.Mose 8,22)*. Wir Menschen sind offensichtlich auf dem Weg, dieses biblische Versprechen außer Kraft zu setzen. Unsere Aufgabe als Kirche ist es deshalb, die Schöpfung zu bewahren und damit auch das Klima der Erde zu schützen.
Die Kirchengemeinde Grifte-Holzhausen hat sich auf den Weg gemacht, die Schöpfung Gottes zu schützen. Nicht weil wir moderne Technik toll fanden, so wie die Photovoltaik-Anlage, sondern weil wir vor Christus Zeugnis ablegen möchten und einen kleinen Beitrag leisten wollen.

**Paul u. Paula:** *Was macht Ihre Gemeinde für die Umwelt?*

**Pfarrer Uwe Krause:** Als Kirchengemeinde sind wir das „Salz der Erde" *(Mt. 5,13)*. Wir tun kleine Dinge und hoffen, dass andere es nachmachen. Weniges kann also dennoch wirken, so wie das Salz in der Suppe.
Was machen wir also im kleinen für unsere Umwelt: Wir sammeln Regenwasser und benutzen es für unsere Toiletten, mit unserem kleinem Blockheizkraftwerk nutzen wir die Wärme, die bei der Verbrennung von Erdgas entsteht doppelt, einmal um Strom herzustellen und ein mal um unsere Gebäude zu beheizen. Außerdem nutzen wir die Sonne um Wasser zu erwärmen und um Strom zu erzeugen. Mit unserem kleinen Park aus Windrädern erzeugen wir ebenfalls Strom und wenn wir mehr Strom brauchen, dann kaufen wir nur grünen Strom ein. Was machen wir noch: wir sparen Energie und wir haben keine Handys, weil wir befürchten, dass sie krank machen. Außerdem lassen wir es nicht zu, dass auf unserem Land gentechnisch veränderte Pflanzen angebaut werden.
Zusätzlich machen wir jede Menge Informationsveranstaltungen zum Thema Umwelt und laden Menschen ein, sich unsere Umweltkirche anzusehen.

**Paul u. Paula:** *Wenn Sie Chef von Deutschland wären, was würden Sie sofort gegen die Klimaerwärmung tun?*

**Pfarrer Uwe Krause:** Zuerst würde ich Energie (Benzin für Autos, Kerosin für Flugzeuge, Erdöl und Erdgas) teuer machen, denn wir verschwenden noch immer viel zu viel Energie. Außerdem würde ich die Nutzung der Sonnenenergie nicht nur mit Geld fördern, sondern per Gesetz verordnen.
Außerdem sollte das Thema Schöpfungsverantwortung in der Schule eingeführt werden.

**Paul u. Paula:** *Welche Rolle würden Sie in unserm Klima-Musical gern spielen?*

**Pfarrer Uwe Krause:** Am liebsten würde ich den Eisbären spielen, denn der bekommt hautnah den Klimawandel zu spüren. Er ist am dichtesten dran und weiß, wovon er spricht.

# Zwei ökologisch engagierte Grundschulklassen

Kinder der Osterfeld Grundschule, Dortmund

Kinder der Rudolf-Bracht-Grundschule, Rietberg-Mastholte

**Paul u. Paula:** *Was macht ihr denn in eurer Schule für die Umwelt?*

**Kinder der Grundschulklassen:**

- keine Heizung anmachen, wenn die Fenster auf sind
- wir haben Energiesparlampen in der Schule
- wir machen das Licht aus, wenn es draußen hell ist
- wir sortieren unsern Müll
- wir benutzen Solarenergie
- wir singen zur Gitarre und nicht zum CD-Player, das spart Strom
- wenn wir nicht im Klassenraum sind, machen wir das Licht aus
- wir kommen mit dem Fahrrad zur Schule, nicht mit dem Auto
- wenn wir den Computerraum verlassen, machen wir alle Geräte aus
- wir haben dem Bürgermeister einen Brief geschrieben und ihm unsere Ideen zum Energiesparen vorgeschlagen.

**Paul u. Paula:** *Wieso seid ihr auf die Idee gekommen, in eurer Schule etwas für die Umwelt zu tun?*

**Kinder der Grundschulklassen:**
- durch das Thema „Klimawandel"
- damit die Welt nicht noch dreckiger wird
- wir wollen die Umwelt schützen (wegen des $CO_2$-Ausstoßes)
- weil wir davon gehört haben, dass die Eisbären aussterben können
- wir hatten das Thema im Unterricht, und da haben wir uns gedacht, wir müssen etwas für die Umwelt tun

**Paul u. Paula:** *Wir haben gehört, dass es so was wie „Energiedetektive" gibt – habt ihr an eurer Schule auch so was?*

**Kinder der Grundschulklassen:** Ja, das sind Schülerinnen und Schüler die in jeder Woche die Aufgabe haben aufzupassen, dass wir nicht zu viel Energie verbrauchen – also Licht aus, Heizung aus, elektrische Geräte aus und und und …

**Paul u. Paula:** *Welche Rolle würdet ihr in unserm Klima-Musical gern spielen?*

**Kinder der Grundschulklassen:** In allen Klassen wollen die meisten Lothar, den Eisbären spielen oder Watt, aber nur, weil der so witzig spricht!

# Lothars Wunschzettel

## Was kann ich tun – was können wir tun

## Tipps für Kinder

1. Beim Wäsche aufhängen helfen – dann schalten deine Eltern nicht den Strom fressenden Wäschetrockner an.

2. Leg deine Anziehsachen abends so auf den Stuhl, dass du sie noch mal anziehen magst. Das spart jede Menge Strom und Wasser für die Waschmaschine.

3. Zieh das Handynetzteil aus der Steckdose, wenn der Akku wieder voll ist.

4. Wenn du die Milch oder Butter aus dem Kühlschrank nimmst, mach schnell den Kühlschrank wieder zu!

5. Rede mit deinen Eltern über die Tipps für Erwachsene – sie brauchen manchmal ein bisschen Nachhilfe!

6. Fahr mit dem Fahrrad zu deiner Freundin, der Musikschule, dem Sportclub …

7. Mit dem Nachtzug fahren ist viel spannender als Flugzeug fliegen. Du kannst von deinem Bett aus die Sterne beobachten und am nächsten Morgen sieht die Landschaft draußen ganz anders aus.
   Hier kannst du mit deinen Eltern den nächsten Urlaub planen:
   *www.nachtzugreise.de*

8. Schenk deinem Opa und deiner Oma eine Energiesparlampe zum Geburtstag und schreibe dazu einen Brief oder male ein Bild, wie gut das fürs Klima ist.

9. Lassen deine Eltern das rote Lämpchen vom Fernseher leuchten, auch wenn sie gerade nicht fernsehen? Dann zeig ihnen, wie man den Fernseher richtig ausschaltet.

10. Du magst es gern kuschelig warm im Winter? Dann lass das Fenster nicht stundenlang gekippt. Du willst ja nicht den Garten heizen. Mach lieber drei mal am Tag nur fünf Minuten alle Fenster in der Wohnung ganz weit auf und lass den frischen Wind durch die Wohnung blasen.

# Tipps für Erwachsene

1. Auf einen Öko-Stromanbieter umsteigen – das dauert nur fünf Minuten – einfach bei der Öko-Stromhotline 08 00 / 7 62 68 52 anrufen.
2. In den Baumarkt oder zum Elektrogeschäft fahren und fünf Energiesparlampen kaufen. Die gibt es für alle Lampenfassungen, groß und klein, in gemütlicher Lichtfarbe warmweiß.
3. Gleich dazu kaufen: Spar-Perlator für die Dusche. Wer weniger Warmwasser verbraucht, bläst weniger $CO_2$ durch den Schornstein.
4. Beim Autofahren immer früh hoch schalten, in niedrigen Gängen nicht über 2000 Umdrehungen/Minute fahren. Im Stadtverkehr bei 50 km/h im fünften Gang dahin gleiten.
5. Reifendruck regelmäßig kontrollieren und 0,2 bar über den Herstellerangaben aufpumpen. Das spart 5 % Spritverbrauch. Die gleiche Ersparnis zusätzlich bringt der Einsatz von Leichtlauföl.
6. Kühlschrank auf eine niedrigere Stufe einstellen. (8 Grad Celsius statt 6 Grad Celsius reichen – evtl. Thermometer zum Nachsehen reinlegen)
7. Waschmaschine immer voll beladen und bei 60 Grad anstatt 90 Grad bzw. 40 Grad anstatt 60 Grad waschen.
8. Den nächsten Wochenendausflug mit dem Fahrrad anstatt mit dem Auto machen.
9. Gemüse und Obst aus der Region im Bioladen oder auf dem Wochenmarkt kaufen. Das spart Transportwege und Verpackung.
10. Sparsamen Kühlschrank mit Energieklasse A++ kaufen. Das erspart dem Klima 1000 kg $CO_2$ während der 15-jährigen Nutzungsdauer im Vergleich zu einem Gerät mit Effizienzklasse A.

# Paul und Paulas Unterrichtsideen

## Ausbildung zum Energiedetektiv

Schülerinnen und Schüler können zu *Energiedetektiven* ausgebildet werden.
Ihre Aufgabe: Als Kommissar „Spürnase" den Stromfressern auf die Spur zu kommen!

***www.energiedetektive.de***

Bei der ARGE „SOLAR" e.V. gibt es Materialkoffer zum Ausleihen:

- *Photovoltaik-Experimentierkasten*
- *Windkoffer*
- *Brennstoffzellenkoffer*
- *Energiesparkoffer*
- *Ordner mit Materialien zu den Themen „Richtig Heizen", „Richtig Lüften", „Stromverbrauch", „Beleuchtung"* u.v.m.

**Und hier die Adresse:**
**ARGE „Solar" e.V.**
**Beratung für Energie und Umwelt**
**Altenkesseler Strasse 17 –**
**Gebäude B5**
**IT-Park Saarland**
**66115 Saarbrücken**
**Fon 0681/9762 – 470**
***www.argesolar-saar.de***

## „Latsch" – oder „Passt dein Fuß auf diese Erde?"

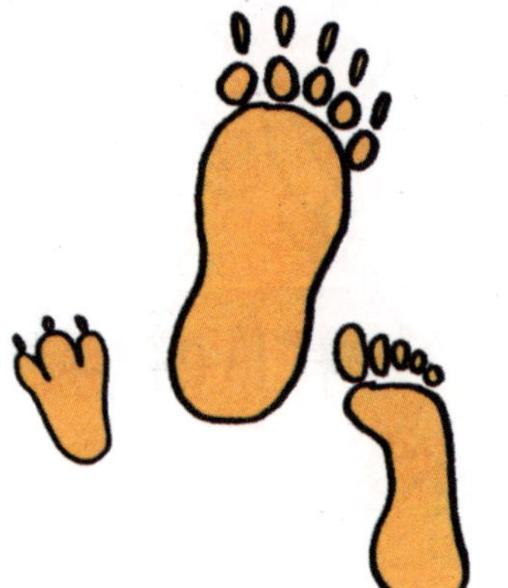


Jede und jeder von uns hat einen ganz persönlichen Bedarf an Energie und an Ressourcen *(z. B. Wasser, Erdöl ...)*. Diesen Bedarf kann man auch als *ökologischen Fußabdruck* darstellen und das ganze in Fläche ausdrücken. So ergeben sich dann – je nach persönlichem Bedarf – ganz unterschiedliche Fußabdrücke, oder wie es die BUNDjugend nennt: ganz unterschiedliche *Latsche*!

Der durchschnittliche Deutsche hat einen *Latsch*, also einen Fußabdruck von 4,7 ha im Jahr. Das ist schon ziemlich groß.Wenn alle Menschen auf der Erde so *rum-latschen* würden, bräuchten wir 2–3 Erden.
Geht aber nicht, haben ja nur eine!

Jetzt hat die BUNDjugend auf ihrer Webseite einen eigenen *Latsch-Rechner*, auf dem jeder seinen persönlichen Fußabdruck oder *Latschabdruck* errechnen kann!
Na, denn: viel Spaß beim *Rum-latschen*!

**Und hier die Adresse:**
***www.latschlatsch.de***
**oder per Post:**
**BUNDjugend Bundesgeschäftsstelle**
**Am Köllnischen Park 1 a**
**10179 Berlin**

## Kinderseite des Bundesumweltministeriums

*Bundesumweltministerium* ist ein fürchterlich langes Wort!
Eigentlich ist der Name des Ministeriums noch länger: *Bundesministerium für Umwelt, Naturschutz und Reaktorsicherheit.*
Der Chef ist Sigmar Gabriel. Auf der Seite 96 ist sein Interview. Der Sigmar Gabriel muss sich um viel kümmern – um den Schutz des Klimas, der Umwelt und der Natur. Und manchmal muss es sich mit den Atomstromern herumschlagen, den Bossen der Atomindustrie. Die wollen nämlich, dass die Atomkraftwerke ganz lange in Betrieb bleiben. Obwohl sie enorm gefährlich sind. Das Umweltministerium hat eine Homepage. Und auf dieser Homepage gibt es auch was für Kinder – oder wie der Minister sagt: *„Für Kids!"*
Klingt ein bisschen komisch, meint aber das gleiche.

Und auf dieser Kinderseite gibt es viele Informationen über die Umwelt, über das Klima, über den Treibhauseffekt und und und …

**Also, wenn ihr mal selber schauen wollt:**
***www.bmu-kids.de***

## Umweltdetektiv Klima und Energie

**Gibt es bei:**
**Naturfreundejugend Deutschlands**
**Haus Humboldtstein**
**53424 Remagen**
***www.naturfreundejugend.de***

Die Naturfreundjugend in Remagen – *Remagen liegt in Rheinland-Pfalz* – haben den prima Erlebnisbogen *Umweltdetektiv Klima und Energie* erfunden.
Da gibt es viele Experimente und Anregungen.
Kostet zwar ein wenig, lohnt sich aber.

# Brettspiel: Energieliesel

**Spielvorlage unter:**
*www.dr-ping.net*
*– oder hier im Buch*
*auf Seite 114/115*

Das Spiel funktioniert nach dem Brettspiel „Gänseliesel“.

Dazu gibt es Aktionskarten mit *Energieheldentaten* und *Stromverschwendungstaten*. Auf den großen *Aktionsschollenfeldern* zieht man jeweils eine Karte. Und je nachdem was auf den Karten drauf steht, muss man dann Felder zurückgehen oder darf nach vorne sprinten!

## Energiekarten und Stromverschwenderkarten:

*Eure Tiefkühltruhe ist fast leer – damit sie sparsam arbeitet, sollte sie aber $^2/_3$ gefüllt sein. Daher legst du einen Styroporblock hinein, um die Menge warmer Luft zu verringern, die beim Öffnen einströmt.*

**5 Felder vorrücken**

*Bei eurer alten Tiefkühltruhe hast du beim „Taschenlampentest“ gesehen, dass die Gummidichtung defekt ist. Du wechselst sie aus, damit keine Energie verschwendet wird.*

**3 Felder vorrücken**

*Du hast vier Schüsseln mit dampfend heißem Pudding in den Kühlschrank gestellt.*

**3 Felder zurück**

*Der große Topf ist gerade in der Spülmaschine. Um einen Braten zu kochen, verwendest du einen kleinen verbeulten Topf auf einer zu großen Elektroherdplatte.*

**4 Felder zurück**

*Wo ist denn wieder der blöde Topfdeckel? Egal! Du kochst immer ohne Topfdeckel, da sieht man besser, wie weit das Essen gekocht ist. Das kostet unnötige Energie!*

**2 Felder zurück**

*Du trocknest deine Wäsche auf der Wäscheleine. Im Vergleich zur Nutzung eines elektrischen Trockners sparst du in eurem vierköpfigen Haushalt etwa 480 kWh Strom oder ca. 80,– € im Jahr.*

**4 Felder vorrücken**

Bei lang kochenden Gerichten benutzt du eine Schnellkochtopf – damit sparst du bis zu 70 % Zeit und ca. 50 % Strom.

**3 Felder vorrücken**

Yello!
Um einige Cents zu sparen, wechselst du zu einem Bilig-Stromanbieter, der bekanntlich Atom-Strom verkauft.

**12 Felder zurück**

Beim Kauf eines neuen Kühlschranks hast du auf ein Gefrierfach verzichtet.

**3 Felder vorrücken**

Du verzichtest bei normaler Wäsche auf den Vorwaschgang. Je nach Temperatur sparst du dadurch 10–20 % Strom.

**4 Felder vorrücken**

Du hast den Stromanbieter gewechselt und beziehst ab sofort Öko-Strom. Das ist vorbildlich.

**12 Felder vorrücken**

Ihr zieht um und überlegt, ob ihr einen Gas- oder einen Elektroherd kaufen möchtet. Ihr entscheidet euch für einen Gasherd. Das erspart dem Klima 250 kg $CO_2$.

**3 Felder vorrücken**

Deine T-Shirts sind dreckig – daher wäschst du Wäsche bei 90° mit Vorwäsche. Im Vergleich zu einem 60°-Programm ohne Vorwäsche verbrauchst du 40 % mehr Strom.

**6 Felder zurück**

Um Wasser für Tee/Kaffee zu kochen, verwendest du einen Wasserkocher. Um einen Liter Wasser zum Kochen zu bringen, benötigt der Blitzkocher „nur" rund 100 Wh Energie gegenüber 150 Wh auf dem Elektroherd.

**5 Felder vorrücken**

ZIEL
1
2
3
4
5
6
7
8
9
10
31
32
33
34
35
36
37
38
39
40
41
42
43
44
45
46
47
48
76
77
78
79
80
81
82
83
84
85
86
87
88
89
90
91
92
93
94
95

49
50
51
52
53
54
55
56
57
16
12
13
14
15
17
18
19
20
58
59
60
61
62
63
64
65
66
21
22
23
24
25
26
67
29
28
27
68
69
70
71
72
73
74
75

# Bauanleitung Aufwindkraftwerk

**Wir basteln uns ein eigenes Aufwindkraftwerk.**

**Was brauchen wir?**

- *eine Papprolle/Küchenrolle*
- *Schwarze Farbe, Malunterlage, Pinsel, Dose oder Glas*
- *eine Teelichthülle aus Alu*
- *Schere*
- *Klebeband, Nadel, Stift*
- *Pappstreifen*

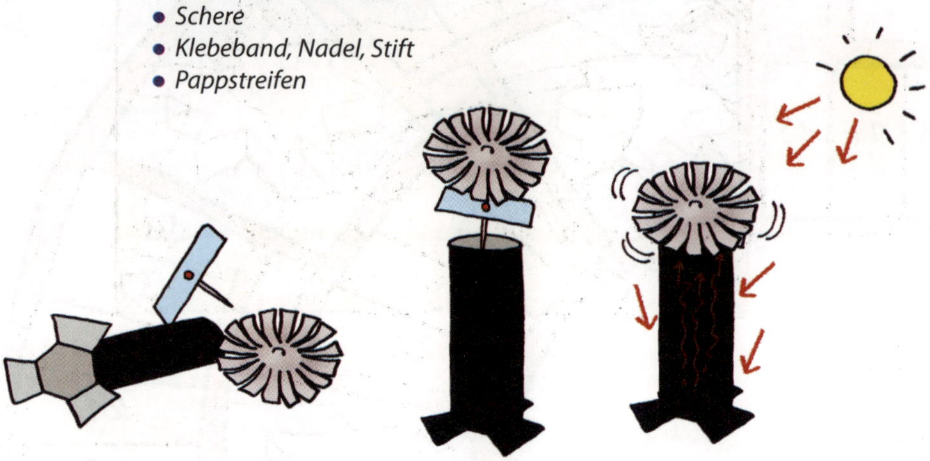

**Was müssen wir tun?**

*Papprolle/Küchenrolle* schwarz anmalen.
Dann unten sechsmal einschneiden.
Jede zweite Lasche hochklappen.
*Teelichthülle* 16 mal einschneiden, etwas platt drücken und danach noch einmal einschneiden. Das werden die Flügel.
In der Mitte des *Teelichthüllen-Flügelrades* mit einem Stift eine Delle drücken, aber nicht durchstechen!
Alle Flügel in eine Richtung abwinkeln.
TEST: Sollten sich die Flügel auf der Nadelspitze nicht einpendeln, so müssen die Flügel etwas verbogen werden. Sie sollten leicht laufen.
Die *Nadel* durch einen *Pappstreifen* pieksen.
Den *Pappstreifen* über die *Papprolle/Küchenrolle* kleben und zwar auf die nicht eingeschnittene Seite!
Flügelrad auf die Nadelspitze setzen.

In die Sonne stellen (evtl. noch einen Windschutz einrichten) oder ein paar Kerzen (Teelichter) anzünden.

Starthilfe geben!

**Die Anleitungen können als Kopien angefordert werden beim:**
**BUND Umweltzentrum-Biberach**
**Bismarckring 5**
**88400 Bieberach**
**Tel: 07351/12204**

# Klimastaffel

**Wir organisieren mit unserer Schule bzw. Klasse eine „Klima-Staffel" für ein „Gutes Klima auf der Erde":**
**Jede(r) läuft rund – dann wird die Erde gesund!**

Alle, die mitmachen wollen, treffen sich auf dem Sportplatz.
Jede(r) dreht eine Runde – und zwar energiefreundlich:

- *zu Fuß*
- *mit dem Fahrrad*
- *auf Inline-Skates*
- *auf dem Skateboard*
- *mit Hundewagen*
- *und, und, und …*

Um antreten zu dürfen, braucht jedes Kind einen „Renn-Paten", der das Startgeld (z.B. 1 Runde = 5 €) bezahlt.
Das Kind, das läuft, läuft mit einem Staffelstab und gibt den an das nächste Kind weiter. Hat ein Kind mehrere Paten gefunden, dann kann es auch mehrmals ein Runde laufen!

Vielleicht haben die Eltern und Lehrer sogar Lust auch mitzulaufen? – Oder ein „Klima-Fest" zu organisieren mit Essen und Trinken?
Vielleicht findet ihr ja auch *Promis* in eurer Stadt, in eurem Ort, die mitlaufen: der Bürgermeister, der Pfarrer, bekannte Sportler, der Bankdirektor und und und …

Und alles Geld, was zusammen kommt, spendet ihr an ein Klima-Projekt!

Viel Spaß dabei!!

# Energie-Quiz

Von Sebastian Petretschek

**1. Was ist ein BHKW?**

O *a) Badehaus kleiner Wichte*
O *b) Blockheizkraftwerk*
O *c) Blindes Huhn kann wenig*
O *d) Gibt es nicht*

**2. Was ist der Hauptbestand einer Solarzelle?**

O *a) Holz*
O *b) Beton*
O *c) Stahl*
O *d) Silicium*

**3. Was kann man mit einem Sonnenkollektor machen?**

O *a) Heizen*
O *b) Fernsehen*
O *c) Strom erzeugen*
O *d) Seil springen*

**4. Wie kann man Energie sparen?** (mehrere Antworten richtig!)

O *a) Fenster zu beim Heizen*
O *b) Lampen angeschaltet lassen, auch wenn man nicht im Zimmer ist*
O *c) Wasserhahn nur zum Gebrauch öffnen*
O *d) Besser mit dem Auto als mit dem Fahrrad fahren*

**5. Wie viele Eier kann man mit 1 kWh Strom kochen?**

O *a) 4 Eier*
O *b) 40 Eier*
O *c) 100 Eier*
O *d) 240 Eier*

**6. Was entsteht beim Verbrennen von Benzin zum Auto fahren?**

O *a) Sauerstoff ($O_2$), den Menschen zum Atmen besonders benötigen*
O *b) Wasserstoff ($H_2$) entsteht*
O *c) Stickstoff ($N_2$) entsteht*
O *d) Kohlendioxyd ($CO_2$) entsteht*

**7. Was ist PVA?**

O *a) Präsident von Amerika*
O *b) Polnisches Verkehrsaufkommen*
O *c) Photovoltaikanlage*
O *d) Polizei von Augsburg*

**8. Was passiert bei einer Erwärmung des Klimas?**
(mehrere Antworten möglich)

O *a) Häufigere und stärkere Stürme*
O *b) Dürreperioden*
O *c) Überschwemmungen*
O *d) Waldbrände*

**9. Wie lange muss man Fahrrad fahren, um die Energie zu erhalten, die man braucht, um 1 Liter Wasser zum Kochen zu bringen?**

O *a) 12 Minuten*
O *b) 56 Minuten*
O *c) 35 Minuten*
O *d) 1 Stunde, 14 Minuten*

**10. Was macht man mit dem „Hausschwamm"?**

O *a) Putzen, weil gutes Reinigungsmittel*
O *b) Entfernen, weil gefährlicher Pilz*
O *c) Essen, weil schwäbische Spezialität*
O *d) Anschauen, weil dekorativ*

Mit freundlicher Genehmigung von Stuttgart Solar e.V.
***www.stuttgart-solar.org***

Lösung: 1b – 2d – 3a – 4a+c – 5d – 6d – 7c – 8a+b+c+d – 9b – 10b

## Unser Planet – Bilder aus dem All

Coole Bilder unseres Planeten – aufgenommen aus dem All – gibt es kostenlos vom Umweltministerium in Baden-Württemberg.

Am besten sofort hinschreiben oder mailen.

**Umweltministerium**
**Baden-Württemberg**
**Kernerplatz 9**
**70182 Stuttgart**
**Tel: 0711/126-0**
***www.um.baden-wuerttemberg.de***

# Schüler sparen Energie

Unsere Schule spart Energie!
Das könnte doch eine Idee für ein gemeinsames Projekt von Lehrerinnen und Lehrern, Schülerinnen und Schülern, Eltern und dem Hausmeister werden!
Wir alle wollen Energie sparen!
Und vielleicht spielt ja der Schulträger mit und lässt das eingesparte Geld in der Schule für andere Anschaffungen!

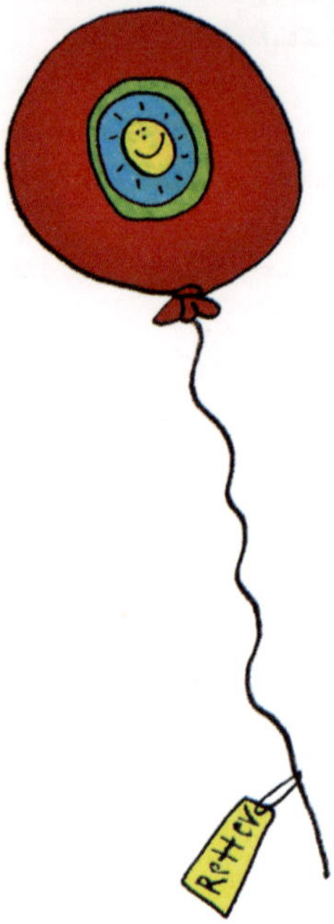

## Projektphasen:

### Anfangsphase:

- *Was ist im Blick auf unser Schulgebäude in einem überschaubaren Zeitraum ein angemessenes Ziel?*
- *Welche Messungen können wir durchführen?*
- *Wie kann das Projekt in den Unterricht integriert werden?*
- *Welchen Experten helfen uns vor Ort?*

### Durchführungsphase:

- *Auftaktveranstaltung: Gemeinsame Motivation*
- *Zwei Energiedetektive pro Klasse*
- *Arbeitsgemeinschaften bilden (Messwerte, Öffentlichkeitsarbeit, Datenauswertung …)*
- *Zwischenergebnisse präsentieren (Wandzeitungen, Homepage ...)*
- *Praktische Durchführung von Maßnahmen, z.B. Senkung der Temperaturen im Flur*

### Präsentationsphase:

- *Ergebnisse und Erfahrungen werden in einem großen Fest präsentiert – Die ENERGIE-AG zieht Bilanz!*
- *Und natürlich wird die Presse dazu eingeladen!*

**Informationen dazu gibt es bei:**
**BINE Informationsdienst**
**Kaiserstraße 185-197**
**53113 Bonn**
**Fon 0228/923 79-0**
**Fax 0228/923 79-29**
**bine@fiz-karlsruhe.de**
***www.bine.info***

***www.bundjugend.de***

# Die ganze Welt im Supermarkt

**Woher kommen eigentlich unsere Lebensmittel?
Das können wir herausfinden!**

Kopiert eine Weltkarte und eine Deutschlandkarte.
Besorgt euch kleine Klebepunkte (farbig).
Und dann geht es in kleinen Gruppen in einen Supermarkt in eurer Nähe.
Am besten ihr verabredet euch mit dem Leiter des Supermarktes, damit er euch alles erklären kann.
Und dann geht's los!
Fragt, woher denn die verschiedenen Lebensmittel kommen: Obst, Gemüse, Kaffee, Milch, Honig, Butter, und und und …
Und immer, wenn ihr etwas herausgefunden habt, dann klebt ihr einen Klebepunkt auf die jeweilige Karte – auf die Weltkarte oder die Karte von Deutschland.
Wenn ihr dann alles wisst, könnt ihr in der Schule ausrechnen, wie viel Kilometer die einzelnen Lebensmittel *gereist* sind, bis sie bei euch im Supermarkt ankommen.
Vielleicht könnt ihr auch einfach mal den Weg eines Joghurts direkt verfolgen.
Und dann könnt ihr überlegen, ob man statt argentinischer Äpfel oder Butter aus Irland einzukaufen auch eine andere und umweltverträglichere Wahlmöglichkeit hat!

**Und mit „*Google Earth*" im Internet könnt ihr vielleicht mal direkt nach schauen, wie die Lebensmittel angebaut werden.**

## Rechner für Flugemissionen

Mit dem Rechner von ATMOSFAIR kann man die Emissionen einer Flugreise ausrechnen lassen. Er macht Vorschläge, was man als „Gegenleistung" tun kann, z.B. Geld spenden für Aufforstungs-Projekte.
Dabei gibt es viele Informationen um das Thema Klima.

***www.atmosfair.de***

# Zeit-Zeugen befragen

**Vorbereitung:**
Im Unterricht wird überlegt, welche Großeltern mal für eine *Kinderfragestunde* Zeit hätten.
Dann überlegt ihr euch zusammen mit eurer Lehrerin oder eurem Lehrer einige Fragen, wie das wohl früher war mit dem Heizen und dem Waschen, dem Kühlschrank und dem Strom.

**Mögliche Fragen:**
- *Gab es früher eine Heizung im Klassenzimmer?*
- *Wer war für das Feuer im Haus zuständig?*
- *Womit hat man Im Krieg geheizt?*
- *Wer hat Holz gemacht?*
- *Was haben die Kinder gemacht, wenn sie kalte Füße hatten?*
- *Wie oft wurde gebadet oder geduscht?*
- *Wie hat man die Milch kalt gehalten?*
- *Was für elektrische Geräte gab es damals?*

**Durchführung:**
Und dann werden die Großeltern als *Zeit-Zeugen* befragt.
Und die Ergebnisse werden entweder auf einer großen Wandzeitung aufgemalt oder in einem Heft „So war es früher" zusammengetragen!

Viel Spaß!

# Mitmachmöglichkeiten beim BUND:

**BUND-Kindergruppen:**
Viele der 2.000 Orts- und Kreisverbände des BUND haben eine Umweltkindergruppe. Führen Sie gemeinsam mit den Kindern das Musical selbst auf. Tipps und Tricks dazu finden Sie in diesem Buch. Bringen Sie Ihre Kinder mit. Wo Sie den BUND bei sich zu Hause finden, erfahren Sie im Internet.

***www.bund.net***

**Klimaschutzaktionen:**
Auf unserer Internetseite zum Klimaschutz stellen wir Ihnen unsere aktuellen Mitmachaktionen vor. Dort können Sie auch unseren Klima-Newsletter abonnieren. Mit ihm bleiben Sie immer auf dem Laufenden.

***www.bund.net/klimaschutz***

# Mitmachmöglichkeiten der BUNDjugend:

**Umwelt-Kinder-Tag (6–12 Jahre):**
„Umwelt-Detektive aufgepasst", heißt es jedes Jahr wieder beim Umwelt-Kinder-Tag.
Die BUNDjugend ruft zu diesem Aktionstag Kinder im Alter zwischen 6 und 12 Jahren in ganz Deutschland auf, ein bestimmtes Umweltthema unter die Lupe zu nehmen und dazu bunte, lustige Aktionen auf die Beine zu stellen.
Die kleinen Umweltschützer spielen Theater, klären Passanten mit Flugblättern auf, verteilen Öko-Tipps und gehen für die Natur und die Umwelt auf die Straße.
Die BUNDjugend unterstützt sie dabei mit vielen Sachinformationen, praktischen Tipps und konkreten Aktionsideen.

***www.umweltkindertag.de***

**NaturTageBuch (8–12 Jahre):**
In jedem Jahr veranstaltet die BUNDjugend den Bundeswettbewerb NaturTageBuch, bei dem Kinder zwischen 8 und 12 Jahren in ganz Deutschland mitmachen können – auf eigene Faust, zusammen mit Freunden oder mit der ganzen Schulklasse.
Beim NaturTageBuch machen sich die Kinder auf die Suche nach einem Fleckchen Natur, das sie dann über einen längeren Zeitraum unter die Lupe nehmen. Was die kleinen Naturforscher beobachten, können sie selber

überlegen – vielleicht einen Tümpel, die Wiese hinterm Haus, der Ameisenhaufen im Wald oder ein Vogelnest im Garten? Alle spannenden Beobachtungen und Erlebnisse weden in einem Tagebuch festgehalten.
Und da ist Kreativität gefragt – malen, schreiben, dichten, fotografieren, gesammelte Fundstücke einkleben und vieles mehr.

***www.naturtagebuch.de***

**TRIOlogisch!**
**Entdecken, Motzen, Besser machen (11–15 Jahre):**
In einem bundesweiten Wettbewerb treten junge Menschen selbständig und aktiv für die Umwelt und den Naturschutz in ihrem Lebensumfeld ein.
Bei „TRIOlogisch" schließen sich drei Zukunftsscouts in einer Gruppe zusammen. Sie werden in drei Bereichen aktiv (Naturschutz, Umweltschutz, Zukunft) und nehmen an drei Wettbewerbsschritten („Entdecken, Motzen, Besser machen") teil.
Schritt eins: Die jungen Aktiven spüren Tiere auf, erleben die Natur und decken negative Auswirkungen auf Natur oder Umwelt auf.
Schritt zwei: Beim „Motzen" werden die Umweltprobleme öffentlich bekannt gemacht, zum Beispiel an der Schule.
Im dritten Schritt schlagen die Zukunftsscouts Lösungen vor und setzen mit kreativen Aktionen ein Zeichen für ihre Zukunft.
Zur fachlichen und organisatorischen Begleitung stehen den jugendlichen Teams erfahrene Ratgeberinnen und Ratgeber zur Seite. Sie beraten bei Fragen zu ökologischen oder organisatorischen Themen, helfen bei Problemen und unterstüzen die Jugendlichen bei Aktionen.

***www.triologisch.de***

# Lothars und Dr. Pings Adressbuch

## BUND Bundesverbände:

BUND
Bund für Umwelt und Naturschutz
Deutschland e.V.
Bundesgeschäftsstelle
Am Köllnischen Park 1
10179 Berlin
Fon: 030 / 275 86 - 40
Fax: 030 / 275 86 – 440
*www.bund.net*
*bund@bund.net*

BUNDjugend
Jugend im Bund für Umwelt und Naturschutz
Deutschland e.V.
Am Köllnischen Park 1A
10179 Berlin
Fon: 030 / 275 86-50
Fax: 030 / 275 86-55
*www.bundjugend.de*
*bundjugend@bund.net*

## BUND Landesverbände:

BUND Baden-Württemberg
*www.bund.net/bawue*
*bund.bawue@bund.net*

Bund Naturschutz in Bayern e.V.
*www.bund-naturschutz.de*
*info@bund-naturschutz.de*

BUND Berlin
*www.bund-berlin.de*
*kontakt@bund-berlin.de*

BUND Brandenburg
*www.bund-brandenburg.de*
*bund.brandenburg@bund.net*

BUND Bremen
*www.bund-bremen.net*
*info@bund-bremen.net*

**BUND Hamburg**
*www.bund.net/hamburg*
*bund.hamburg@bund.net*

**BUND Hessen**
*www.bund-hessen.de*
*bund.hessen@bund-hessen.de*

**BUND Mecklenburg-Vorpommern**
*www.bund.net/mv*
*bund.mv@bund.net*

**BUND Niedersachsen**
*www.bund-niedersachsen.de*
*bund.nds@bund.net*

**BUND NRW**
*www.bund-nrw.org*
*bund.nrw@bund.net*

**BUND Rheinland-Pfalz**
*www.bund-rlp.de*
*bund.rheinland-pfalz@bund.net*

**BUND Saarland**
*www.bund-saar.de*
*info@bund-saar.de*

**BUND Sachsen**
*www.bund-sachsen.de*
*info@bund-sachsen.de*

**BUND Sachsen-Anhalt**
*www.bund-sachsen-anhalt.de*
*info@bund-sachsen-anhalt.de*

**BUND Schleswig-Holstein**
*www.bund-sh.de*
*bund-sh@bund-sh.de*

**BUND Thüringen**
*www.bund.net/thueringen*
*bund.thueringen@bund.net*

## Hilfreiche Internetadressen:

**www.energiedetektiv.info**
Informationen zum Energiedetektiv

**www.energiefoerderung.info**
Informationen zum Energiesparen

**www.argesolar-saar.de**
Ausbildung zum Energiedetektiv

**www.latschlatsch.de**
Informationen zum persönlichen Energieverbrauch

**www.bmu-kids.de**
Info-Seite des Bundesumweltministeriums

**www.bine.info**
Informationsdienst über Energie sparende Technologien

**www.atmosfair.de**
Informationen über Flugemissionen

**www.ichbindabei.org**
Klimaschutz jetzt! Ich bin dabei!

**www.zukunftsenergie.org**
Jugendbündnis Zukunftsenergie

**www.ifeu.klima-aktiv.de**
$CO_2$-Rechner

**www.energieverbraucher.de**

# Dankeschön!

## Wir sagen ganz herzlich „Danke“ an …

- **Nora Becker** (Gesang)
- **Margret Bernard** (Illustration und Gestaltung)
- **Nappo Bernatzki** (Arrangeur)
- **Birgit Eschenlohr** (Ideen)
- **Martin Feske** (Gitarren)
- **Dietrich Geese** (Tuba)
- **Ludwig Götz** (Posaune)
- **Alice Grümmer** (Lichtideen)
- **Henning Hartmann** (Ampere)
- **Fabienne Haßlöwer** (Gesang)
- **Martin Horn** (Regie Hörspiel-CD, Erzähler)
- **Rebecca Horn** (Querflöte)
- **Simon Horn** (Percussion, Tontechnik)
- **Ute Horn** (Begleitung, Ideen und Anregungen)
- **Guido Jöris** (Schlagzeug)
- **Jan Kazda** (Bass)
- **Kinder der Erika-Mann-Grundschule, Berlin mit Karin Babbe und dem Lehrerkollegium** (Musical-Premiere)
- **Kinder der Friedrich-Ebert-Grundschule, Dortmund** (Gesang, Kinderfragen)
- **Kinder der Graf Salentin Schule, Jünkerath** (Gesang)
- **Kinder der Osterfeld Grundschule, Dortmund** (Gesang, Kinderfragen)
- **Kinder der Rudolf-Bracht-Grundschule, Mastholte** (Kinderfragen)
- **Imogen Kogge** (Dr. Ping)
- **Olaf Krüger** (Trompete)
- **Rita Mölders** (Kinder-Gesang)
- **Karin Moog** (Paula)
- **Rebecca Nagel** (Gesang)
- **Sascha Nathan** (Paul)
- **Andreas Neukirch** (GLS Bank, Bochum)
- **Arne Nobel** (Watt)
- **Diana Pähler** (Kostüm-Ideen und Bühnenbild-Ideen)
- **Pit & Land** (CD Pressung)
- **Manuela Pudlo** (Recherche-Arbeiten)
- **Christoph Pütthoff** (Volt)
- **Andreas Robertz** (Dramaturgische Hilfe)
- **Dorothe Schröder** (Kinder-Gesang)
- **Christian Severin** (Notensatz)
- **Manni Struck** (Tontechnik)
- **Murat Ünal** (Alumni Club, Kellogg Universität)
- **UNESCO** (Auszeichnung für nachhaltige Bildung)
- **Gerd Wameling** (Eisbär Lothar)
- **Westermann Druck Zwickau** (Buchdruck)

**… die uns alle bei diesem Projekt geholfen haben.**

**Außerdem danken wir der GLS Umweltbank und dem Alumni Club Deutschland der Kellogg Universität, die uns bei diesem Projekt finanziell unterstützt haben.**

**GLS Bank**

und Geld bekommt Sinn

Die GLS Bank steht seit über 30 Jahren für eine sinnvolle und nachhaltige Bankarbeit. Immer stehen Mensch, Natur und ein verantwortungsbewusster Umgang mit Geld im Mittelpunkt. Langjährige Erfahrung im Bankgeschäft verknüpfen wir mit innovativen Finanzierungsinstrumenten und einer breiten Palette an Angeboten – vom Girokonto über langfristige Einlagen und Beteiligungen bis hin zu Stiftungen.
Zurzeit finanzieren wir über 4.000 zukunftsweisende Unternehmen, Projekte und Initiativen. In unserer Kundenzeitschrift „Bankspiegel" informieren wir regelmäßig über alle neu vergebenen Kredite.